国家自然科学基金，项目编号：31900587，基于端粒酶响应的 CdSe/ZnS@DNA 纳米探针用于低氧诱导心肌细胞增殖再生的机制研究，2020.01-2022.12

长治医学院博士启动项目，项目编号：BS201919，基于仿生纳米材料用于心肌梗塞的修复，2020.01-2024.12

山西省基础研究计划，项目编号：201901D211476，基于核酸纳米探针用于长链非编码 RNA NR_08265 调控心肌细胞增殖的机制研究，2019.09-2022.09

山西省高等学校创新项目，项目编号：2019L0663，基于 CdSe/ZnS@DNA 纳米探针实时监测氧气浓度调控心肌细胞内端粒酶活性的动态变化，2020.01-2020.12

新型功能化荧光探针的构建及生物成像应用

马丹丹 著

中国原子能出版社

图书在版编目（CIP）数据

新型功能化荧光探针的构建及生物成像应用 / 马丹丹著. -- 北京：中国原子能出版社, 2024. 8. -- ISBN 978-7-5221-3587-8

Ⅰ. O482.31

中国国家版本馆 CIP 数据核字第 2024H0J186 号

新型功能化荧光探针的构建及生物成像应用

出版发行	中国原子能出版社（北京市海淀区阜成路 43 号　100048）
责任编辑	王　蕾
责任印制	赵　明
印　　刷	河北宝昌佳彩印刷有限公司
经　　销	全国新华书店
开　　本	787 mm×1092 mm　1/16
印　　张	13.875
字　　数	207 千字
版　　次	2024 年 8 月第 1 版　2024 年 8 月第 1 次印刷
书　　号	ISBN 978-7-5221-3587-8　　　定　价　92.00 元

版权所有　侵权必究

前　言

目前，恶性肿瘤发病率呈逐年上升的趋势，并且死亡率居高不下，严重威胁着人类的健康和生命。据研究报道，90%的癌症病人死亡是由肿瘤转移所引起的。然而任何事物的发生与发展都是由内外因素共同作用的结果，同样肿瘤转移也取决于肿瘤组织本身和周围正常组织。

肿瘤组织分为肿瘤细胞和肿瘤细胞所处的微环境两部分。以往的研究主要关注肿瘤细胞本身，而现代研究表明肿瘤微环境直接影响着肿瘤细胞的生长和增殖并且在肿瘤转移中发挥着非常重要的作用。肿瘤细胞分裂增殖异常及肿瘤部位新生血管结构紊乱是导致实体瘤中普遍存在缺氧状况的两大原因。研究者发现肿瘤细胞与正常细胞最明显的区别之一就是肿瘤细胞长期处于缺氧的生存环境，这必将会引起肿瘤细胞与正常细胞生理或功能上的差异。

分析和检测缺氧条件下肿瘤细胞内的变化，为缺氧相关的临床研究提供可靠的工具，以及进一步提高抗癌药物的筛选和优化具有十分重要的研究意义。本书以表面增强拉曼散射（SERS）、荧光成像技术作为主要的分析和检测手段，结合纳米材料的优势，构建了一系列还原酶激活的功能化纳米探针用于分析和检测缺氧微环境中肿瘤细胞内的变化。具体内容如下：

① 设计并合成了激活式 SERS 纳米探针用于检测缺氧条件下肺癌细胞内 pH。在第 2 章中，将对硝基苯硫酚（4-NTP）通过 Au-S 键修饰在具有增强拉曼散射的金纳米棒（AuNRs）表面，得到了缺氧激活的 SERS 纳米探针。

在缺氧的肿瘤细胞内，硝基还原酶（NTR）在烟酰胺腺嘌呤二核苷酸二钠盐（NADH）提供电子的作用下，能够将硝基苯化合物还原为 pH 敏感的氨基苯，从而实现了缺氧条件下肺癌细胞内 pH 的检测。

② 很多因素能够诱导线粒体自噬，在第 3 章中，设计合成了偶氮还原酶响应的胶束（MCM@TATp）内部包裹线粒体自噬指示剂（Mito-rHP）用于缺氧诱导线粒体自噬特异性成像。在缺氧肿瘤细胞中，MCM@TATp 中的偶氮苯被偶氮酶还原引起胶束降解，释放出具有靶向线粒体和响应 pH 的 Mito-rHP。当受损的线粒体与溶酶体发生融合，线粒体内 pH 降低导致 Mito-rHP 荧光恢复，实现了缺氧条件下线粒体自噬程度的评估。

③ 为了能对缺氧诱导的线粒体自噬进行便捷的荧光成像，在第 4 章中，设计合成了缺氧和线粒体自噬双激活的荧光探针分子 MiAzoR 用于缺氧诱导线粒体自噬成像。该探针分子在结构可调的罗丹明衍生物上同时修饰缺氧和 H^+ 响应的识别位点及线粒体靶向基团，只有在缺氧和线粒体自噬同时满足的情况下才能产生荧光信号，实现了缺氧条件下线粒体自噬的成像监测。

④ 传统的 SERS 方法是拉曼报告分子直接暴露于复杂的生物体环境中，该方法会引起 SERS 信号的不稳定，限制了它的进一步应用。在第 5 章中，通过结合结构稳定的 SERS 报告标签和双链特异性核酸酶（DSN）设计新型 SERS 分析策略用于缺氧肿瘤细胞外泌体中 miRNA 的含量分析。SERS 传感体系由信号报告单元（ARANPs）、识别单元（CP）、分离单元（SiMBs）三部分组成。当体系中存在目标物 miRNA 时，miRNA 与 CP 形成异质双链，此时 DSN 降解 CP，释放 ARANPs 和完整的 miRNA。miRNA 继续参与下一次反应，经过多次循环反应，SERS 信号显著增强，从而实现了缺氧肿瘤细胞外泌体中 miRNA 的含量分析。

⑤ 端粒酶是一种有价值的诊断和预后癌症的生物标志物。准确可靠地检测端粒酶活性在临床诊断、抑制剂筛选和治疗中具有重要价值。在第 6 章中，设计了一种新型放大荧光共振能量转移（FRET）纳米探针用于高灵敏、可靠地检测细胞内部端粒酶活性。纳米探针（QD_{SA}@DNA）由量子点（QD_{SA}）

表面修饰端粒酶引物序列（TP）和 Cy5 标记的信号转换序列（SS）组成。当端粒酶存在时，TP 延伸产生端粒重复单元，与 SS 的环部互补形成刚性双链结构，使 Cy5 远离 QD_{SA} 表面，导致 FRET 效率低。此外，由端粒酶产生多个重复单元，可以打开多个发夹结构，产生显著的荧光比（F_{QDsa}/F_{Cy5}）增强，从而实现了端粒酶活性的检测。

⑥ 端粒酶逆转录酶（hTERT）的表达水平对早期癌症诊断和癌症相关药物筛选具有重要意义。然而，很少小分子荧光探针能够用于测定 hTERT 含量。在第 7 章中，设计并合成了一种新型的近红外荧光探针（NB-BIBRA），该探针由 hTERT 抑制剂类似物（BIBRA）偶联到荧光团尼罗蓝（NB）上构成。当目标物 hTERT 存在时，NB-BIBRA 与 hTERT 相互作用，NB-BIBRA 聚集体被破坏，其荧光强度急剧增强。值得注意的是，该探针对 hTERT 具有低检测限、高选择性和快速响应的特点，可以在活体细胞和实体肿瘤组织中快速成像。据我们所知，NB-BIBRA 是首次用于活细胞和体内 hTERT 检测及成像的近红外荧光探针，为实现早期癌症诊断和癌症相关药物筛选提供了强有力的工具。

本书研究了缺氧条件下肿瘤细胞内发生的变化及标志物的检测，为设计缺氧相关的探针和检测肿瘤标志物提供了有价值的指导思想。通过缺氧细胞内高表达的还原性物质激活探针，检测某细胞内物质或者组分的变化，这些设计理念具有一定的通用性和拓展前景。

目 录

第 1 章 绪论 ··· 1
  1.1 引言 ··· 1
  1.2 缺氧微环境引起肿瘤细胞的异常变化 ····································· 2
    1.2.1 蛋白质表达异常 ··· 2
    1.2.2 维生素 C 代谢的差异 ··· 3
    1.2.3 CO 分子上调 ··· 4
    1.2.4 活性氧（ROS）含量的升高 ····································· 4
    1.2.5 外泌体的异常 ·· 5
  1.3 肿瘤缺氧的危害和常见的检测方法 ·· 6
    1.3.1 光学检测 ·· 6
    1.3.2 PET 检测 ··· 18
    1.3.3 MRI 检测 ··· 21
    1.3.4 光声检测 ·· 23
  1.4 功能化纳米探针及其在肿瘤缺氧微环境中的应用 ·················· 26
    1.4.1 功能化纳米探针的简介 ··· 26
    1.4.2 功能化纳米探针在肿瘤缺氧微环境中的应用 ········· 27
  1.5 本论著的选题依据和研究内容 ··· 37

第 2 章 激活式 SERS 纳米探针用于检测缺氧诱导肺癌细胞酸化 ········· 39
  2.1 引言 ··· 39

2.2 实验部分 ··· 40
　　2.2.1 试剂和仪器 ·· 40
　　2.2.2 AuNRs 的制备 ·· 41
　　2.2.3 AuNR@4-NTP 的制备 ·· 42
　　2.2.4 AuNR@4-NTP@CPPs 的制备 ··· 42
　　2.2.5 SERS 纳米探针在溶液相中的反应 ···································· 42
　　2.2.6 细胞培养和细胞毒性实验 ·· 43
　　2.2.7 暗场显微镜成像 ·· 43
　　2.2.8 细胞内 pH 的标定 ··· 43
　　2.2.9 细胞内 SERS 比率成像 ·· 44
　　2.2.10 肺癌组织 SERS 比率成像 ·· 44
2.3 结果与讨论 ··· 45
　　2.3.1 实验设计原理 ·· 45
　　2.3.2 实验可行性的考察 ··· 46
　　2.3.3 AuNR@4-NTP 纳米探针的构建 ······································· 47
　　2.3.4 SERS 纳米探针对 NTR 的响应分析 ································· 48
　　2.3.5 SERS 纳米探针选择性的考察 ··· 51
　　2.3.6 SERS 纳米探针对 pH 的响应分析 ···································· 51
　　2.3.7 SERS 纳米探针毒性及运载效率的考察 ······························ 54
　　2.3.8 细胞内标准曲线的构建 ·· 54
　　2.3.9 pH_i 与含氧量之间关系 ·· 58
　　2.3.10 肺癌组织酸化考察 ·· 61
2.4 小结 ··· 62

第 3 章 基于偶氮还原酶响应的胶束用于缺氧诱导的线粒体自噬成像 ······ 63
3.1 引言 ··· 63
3.2 实验部分 ··· 65
　　3.2.1 试剂和仪器 ·· 65

3.2.2　Mito-rHP 的合成与表征 ································· 66
　　3.2.3　两亲性聚合物的合成与表征 ························· 68
　　3.2.4　Micelle@Mito-rHP（MCM）的制备与功能化 ······· 68
　　3.2.5　十六烷基胺共轭连接 Ce6 的合成与表征 ············ 70
　　3.2.6　临界胶束浓度（CMC）的测定 ······················ 70
　　3.2.7　缺氧响应的考察 ······································· 71
　　3.2.8　细胞培养和毒性考察 ·································· 71
　　3.2.9　细胞线粒体共定位成像和 pH 标定 ·················· 71
　　3.2.10　细胞内线粒体自噬成像 ······························· 72
　　3.2.11　PDT 过程中细胞内线粒体自噬成像 ················ 72
　3.3　结果与讨论 ·· 73
　　3.3.1　探针 Mito-rHP 的合成与表征 ························ 73
　　3.3.2　胶束对缺氧的响应分析 ································ 76
　　3.3.3　细胞内线粒体自噬成像 ································ 78
　　3.3.4　特异性的考察 ·· 82
　　3.3.5　PDT 过程中线粒体自噬成像 ·························· 84
　3.4　结论 ··· 85

第 4 章　双激活的荧光探针用于缺氧诱导的线粒体自噬成像 ······· 87
　4.1　引言 ··· 87
　4.2　实验部分 ··· 88
　　4.2.1　试剂和仪器 ·· 88
　　4.2.2　探针的合成与表征 ······································· 89
　　4.2.3　光谱测量 ··· 91
　　4.2.4　细胞毒性考察 ··· 91
　　4.2.5　细胞成像 ··· 92
　4.3　结果与讨论 ·· 92
　　4.3.1　探针的设计原理 ·· 92

  4.3.2 可行性研究 ······ 93
  4.3.3 pH 滴定实验 ······ 95
  4.3.4 实验条件的优化 ······ 95
  4.3.5 选择性的考察 ······ 96
  4.3.6 探针性能的比较 ······ 98
  4.3.7 细胞毒性与自噬成像 ······ 98
  4.3.8 探针成像的研究 ······ 100
 4.4 结论 ······ 101

第5章 基于 SERS 定量检测缺氧肿瘤细胞外泌体中 microRNA 的含量 ······ 102
 5.1 引言 ······ 102
 5.2 实验部分 ······ 103
  5.2.1 试剂和仪器 ······ 103
  5.2.2 金纳米颗粒的合成 ······ 104
  5.2.3 SERS 纳米标签的制备 ······ 105
  5.2.4 SERS 纳米标签内 R6G 含量的测定 ······ 105
  5.2.5 基底增强因子的测量 ······ 105
  5.2.6 SERS 传感体系的制备 ······ 106
  5.2.7 SiMB 表面 ARANPs 的含量测定 ······ 106
  5.2.8 聚丙酰胺凝胶电泳（PAGE） ······ 107
  5.2.9 外泌体的提取 ······ 107
  5.2.10 RNA 的提取 ······ 107
 5.3 结果与讨论 ······ 108
  5.3.1 实验设计原理 ······ 108
  5.3.2 中空 SERS 纳米标签的表征 ······ 109
  5.3.3 实验可行性的研究 ······ 112
  5.3.4 实验条件的优化 ······ 113
  5.3.5 miRNA 的检测 ······ 113

  5.3.6 缺氧外泌体中 miRNA 的检测 …………………………………………115
 5.4 结论 …………………………………………………………………………………116

第 6 章 比率型荧光纳米探针用于信号放大检测细胞内端粒酶的活性 ……117
 6.1 引言 …………………………………………………………………………………117
 6.2 实验部分 ……………………………………………………………………………119
  6.2.1 试剂和仪器 ……………………………………………………………………119
  6.2.2 QDSA@DNA 纳米探针的制备 ………………………………………………120
  6.2.3 琼脂糖凝胶电泳实验 …………………………………………………………120
  6.2.4 细胞培养和端粒酶的提取 ……………………………………………………120
  6.2.5 溶液相端粒酶活性的检测 ……………………………………………………121
  6.2.6 细胞内端粒酶活性的检测 ……………………………………………………121
 6.3 结果与讨论 …………………………………………………………………………121
  6.3.1 QD_{SA}@DNA 纳米探针的表征 ……………………………………………121
  6.3.2 可行性的验证 …………………………………………………………………122
  6.3.3 端粒酶活性的检测 ……………………………………………………………124
  6.3.4 QDSA@DNA 稳定性和特异性的研究 ……………………………………124
  6.3.5 端粒酶成像的研究 ……………………………………………………………125
  6.3.6 端粒酶活性的检测 ……………………………………………………………126
 6.4 结论 …………………………………………………………………………………127

第 7 章 一种新型近红外荧光探针用于端粒酶反转录酶的成像 ……………128
 7.1 引言 …………………………………………………………………………………128
 7.2 实验部分 ……………………………………………………………………………130
  7.2.1 试剂与仪器 ……………………………………………………………………130
  7.2.2 荧光探针 NB-BIBRA 的合成与表征 ………………………………………130
  7.2.3 荧光探针 NB-BIBRA 溶液相的性能研究 …………………………………133
  7.2.4 聚丙烯酰胺凝胶电泳 …………………………………………………………134
  7.2.5 细胞内 hTERT 的荧光成像 …………………………………………………134

    7.2.6 活体组织及体内 hTERT 的成像 ·················· 134
  7.3 结果与讨论 ··· 135
    7.3.1 NB-BIBRA 的设计与制备 ······························· 135
    7.3.2 NB-BIBRA 对 hTERT 响应机制的研究 ············· 138
    7.3.3 溶液相 hTERT 的检测 ····································· 139
    7.3.4 肿瘤细胞内 hTERT 的成像 ······························ 141
    7.3.5 组织和活体内 hTERT 的成像 ·························· 141
  7.4 结论 ··· 143
第 8 章 结论与展望 ··· 144
参考文献 ··· 147
附录 化合物的 MS 和 NMR 谱图 ······································· 189
英文缩写词表 ·· 209

第 1 章 绪 论

1.1 引 言

据研究报道，90%的癌症病人死亡是由肿瘤转移引起的。肿瘤转移取决于肿瘤组织本身和周围正常组织[1]。

肿瘤组织分为肿瘤细胞和肿瘤细胞所处的微环境两部分。以往的研究主要关注肿瘤细胞本身，如肿瘤细胞原癌基因和抑癌基因、肿瘤细胞分化程度以及表型改变等。现代研究表明肿瘤微环境直接影响着肿瘤细胞的生长和增殖并且在肿瘤转移中发挥着非常重要的作用。肿瘤微环境包括与肿瘤密切相关的纤维细胞、炎症细胞、细胞因子、电解质、信号分子、pH等众多因素。

O_2是人体生命活动的必需物质。人体通过呼吸将空气吸入肺部，再经过肺泡的气体交换，使O_2与血液中血红蛋白结合并通过血液循环输送到身体的各个部位，进一步参与体内的生物氧化，为人体的生长、发育、运动等生命活动提供所需能量[2-4]。若呼吸系统疾病、心脑血管疾病等导致摄入O_2不足会引起组织器官代谢紊乱、加速机体衰老。实体瘤产生缺氧的原因可归纳为：① 肿瘤细胞分裂增殖快及代谢速率高导致O_2消耗量远大于供应量；② 肿瘤细胞分泌的血管内皮生长因子加快肿瘤组织中血管生成，但新生血管结构大多数紊乱不能有效地输送O_2。当前有很多方法用来评估实体瘤内的含氧量，如光学、磁共振成像（MRI）、正电子断层扫描（PET）、光声成像（PAI）等技术[5-8]。研究表明肿瘤细胞与正常细胞最明显的区别之一就是肿瘤细胞长期处于缺氧的生存环境。这样的微环境必将会引起肿瘤细胞与正常细胞生理和功能上的区别。分析和检测缺氧条件下肿瘤细胞内的变化，进一步提高抗癌药物的筛选和优化以及为缺氧相关的临床研究提供可靠的方法具有十分重要的意义。

近年来，纳米技术的快速发展与生命医学的不断交叉融合，为研究肿瘤缺氧微环境提供了契机。一系列具有特殊物理化学的功能化纳米材料作为新型的载体被引入肿瘤缺氧微环境的研究中，如上转换纳米材料、量子点、金属纳米材料、聚合物等；其独特的运输能力和信号发生，为实现肿瘤细胞缺氧分析和检测提供了可能[9]。本章主要针对缺氧微环境引起肿瘤细胞的异常变化、当前迅速发展的肿瘤缺氧检测技术以及功能化纳米探针在肿瘤缺氧微环境中的应用进展进行简要概述，并在此基础上，提出本论著的主要构想。

1.2　缺氧微环境引起肿瘤细胞的异常变化

在过去的二十年大量的研究表明，肿瘤部位长期缺氧是导致病人生存率降低的关键因素。这主要是处于肿瘤缺氧部位的细胞与正常含氧量的细胞在生理和功能上存在很大差异。这一部分主要阐述由缺氧导致肿瘤细胞发生的异常变化。

1.2.1　蛋白质表达异常

缺氧与临床上肿瘤转移、治疗失败，以及治愈率低密切相关。研究表明缺氧相关的蛋白在癌症发展中起着非常重要的作用，而缺氧相关的蛋白是由缺氧诱导因子启动转录表达的[10]。缺氧诱导因子（hypoxia-inducible factors，HIFs）是由 O_2 调控的 α 亚单元（HIF-1α）和不受 O_2 影响的 β 亚单元（HIF-1β）组成的缺氧相关的异质转录因子。常氧状态下，HIF-1α 很快被细胞内 O_2 依赖的泛素蛋白酶降解，而在缺氧状态下，HIF-1α 在细胞质内积累然后进入细胞核与 HIF-1β 结合形成 HIFs 并启动血管生长因子、细胞生长、侵袭转移和化疗耐药等一系列的基因表达（图 1-1）[11]。

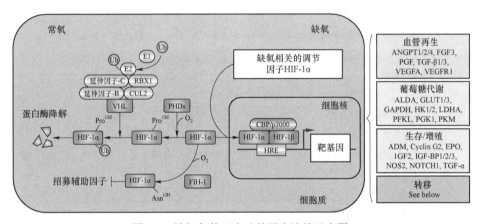

图 1-1　缺氧条件下启动基因表达的示意图

Erler 等首次使用定量蛋白质组学结合基质辅助激光解析-质谱成像技术（MALDI-MSI）研究了缺氧调控蛋白质种类和含量的变化。实验通过 MALDI-MSI 最终确认 100 多种缺氧相关的蛋白质上调，例如半乳凝素（Gal-1）、烯醇酶（ENOA）、L-乳酸脱氢酶（LDHA）、磷酸甘油酸酯激酶 1（PGK1）、醛缩酶 A（ALDOA）[12]。

1.2.2　维生素 C 代谢的差异

维生素 C 有两种化学形式：还原形式（抗坏血酸，AA）和氧化形式（脱氧抗坏血酸，DHA）。在卫生保健品中，维生素 C 作为一种抗氧化剂并在一定程度上具有抗癌活性，追踪维生素 C 在细胞中的代谢将会有助于阐明抗癌机制。最近，Tang 等设计了近红外荧光探针 Arg-Cy 用于研究维生素 C 在常氧和缺氧细胞内代谢差异（图 1-2）[13]。实验结果表明 DHA 进入常氧细胞内最终代谢为 L-木酮糖，进一步产生氧化应激引起细胞凋亡。而在缺氧细胞内，DHA 还原为 AA 不会产生氧化应激，从另一方面也反映出缺氧肿瘤细胞具有抗药性。

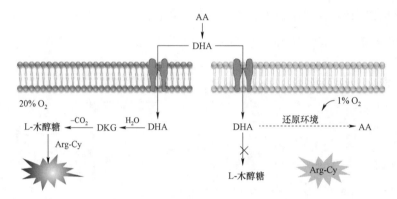

图 1-2 近红外荧光探针 Arg-Cy 检测常氧/缺氧细胞内维生素 C 代谢的示意图

1.2.3 CO 分子上调

血红素加氧酶分解代谢血红素产生 CO，而 CO 含量异常会引起很多疾病，例如阿尔茨海默病、高血压、炎症以及心力衰竭等。Tang 等报道了基于荧光共振能量转移机理的 CO 荧光探针 ACP-2（图 1-3）[14]。由于重金属 Pd（Ⅱ）的猝灭作用，ACP-2 探针的荧光很弱。当 CO 与偶氮苯环钯发生催化反应，Pd（Ⅱ）从探针 ACP-2 上释放出来，产生明显的荧光。实验结果表明缺氧细胞内 CO 含量明显上调。

1.2.4 活性氧（ROS）含量的升高

活性氧（reactive oxygen species，ROS）是生物有氧代谢过程中的副产物，包括超氧阴离子（O_2^-）、双氧水（H_2O_2）、羟基自由基（OH·）等，主要用于细胞信号传导等[15]。然而在刺激因素的影响下，例如缺氧时线粒体氧化磷酸化过程中得不到充足的 O_2 充当电子受体而脱偶联，自由电子增加，生成过多的 ROS[16]。DaCosta 等利用这一性质设计了一种新型的多功能稳定的生物无机纳米颗粒（聚电解质-白蛋白和 MnO_2 纳米颗粒组成复合物）用于治疗肿瘤[17]。体内研究表明 MnO_2 与 H_2O_2 反应后 O_2 增加 45%同时 pH 升高，有效改善了肿瘤微环境并进一步下调缺氧诱导因子和血管内皮生长因子。该实验策略利用缺氧产生过量的 ROS 来调节和改善肿瘤微环境，为治疗肿瘤提供了新策略。

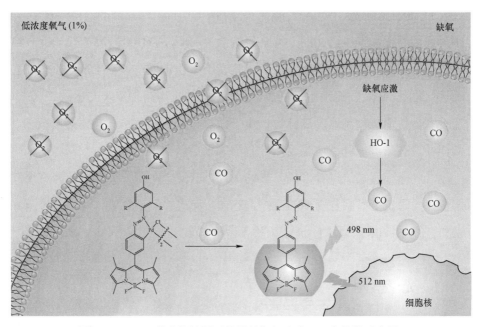

图 1-3　ACP-2 荧光探针用于检测缺氧细胞内 CO 含量的示意图

1.2.5　外泌体的异常

外泌体（exosome）是从胞内体脱落下来的，内部含有核酸、蛋白质的小囊泡。外泌体通过传递细胞之间的生物活性分子改变和影响周围细胞的生物学性质。缺氧导致肿瘤的适应性更强、恶性程度更高以及耐药性，外泌体在其中发挥了重要作用。外泌体中的核酸通过信号转导在肿瘤微环境中发挥一系列作用，包括肿瘤异质化、改变免疫应答、诱导肿瘤相关成纤维细胞、促进血管生成和转移等[18,19]。

1.3 肿瘤缺氧的危害和常见的检测方法

近二十年的研究表明，肿瘤部位缺氧明显降低了癌症患者的治愈率。首先，肿瘤细胞缺氧引起缺氧诱导因子-1α（hypoxia-inducible factors-1α，HIF-1α）的过量表达，从而上调分化抗原群44（CD44）的表达，让肿瘤细胞表现出侵袭和转移。其次，缺氧导致基因不稳定以及改变DNA损伤修复途径。最后，缺氧肿瘤细胞远离血管，大部分的抗癌药物很难到达缺氧区域。即使有少量的药物到达肿瘤部位，由于缺氧导致大部分抗癌药物效率很低，从而导致肿瘤组织区域产生耐药性且临床预后差[20-25]。

对肿瘤部位缺氧进行准确可靠的成像，不仅允许临床医生找到肿瘤缺氧部位，同时还可以制定合适的治疗策略，从而改善治疗效果。常见的检测方法有：光学、PET、MRI、PAI等技术。

1.3.1 光学检测

当物质受光照射时，分子最外层的电子吸收光能跃迁至激发态，而处于激发态的分子不稳定，以振动弛豫和内转换的形式快速释放部分能量到达最低能级单重激发态，然后通过辐射跃迁释放能量的形式返回基态，此时的发光称为荧光。若激发态分子通过内转换和系间窜越形式释放能量抵达三重激发态的最低能级，然后辐射跃迁释放能量返回基态，此时的发光称为磷光。近年来光致发光探针及生物成像取得了飞速的发展，该技术已成为一种强有力的工具用于可视化细胞或者组织的形态，达到亚细胞分辨率以及高灵敏检测[26-28]。通常使用以下两种方式来达到满意的缺氧光学成像：第一种测定还原性物质的含量间接得知 O_2 浓度；第二种是直接测定 O_2 浓度[29]。

1.3.1.1 还原物质浓度的测定

还原性物质的浓度与缺氧程度密切相关。缺氧越严重硝基还原酶（NTR）和偶氮还原酶的表达量越多[30]。目前基于硝基芳香化合物、醌、偶氮苯等衍生物发展了一系列缺氧敏感的荧光探针。这些荧光探针大多是通过缺氧识别位点将荧光共振能量转移（FRET）供体与受体连接。FRET "off" 和 "on" 分别代表缺氧和常氧的状态，因此可以通过荧光强度来反映含氧量。

（1）硝基识别位点

通过光学方法检测内源性的 NTR 能够区分常氧和缺氧的细胞。早在 1991 年，Hodgkiss 等发展了几种杂原子硝基化合物作为缺氧探针[31]。由于硝基是强吸电子基团，在常氧条件下探针的荧光很弱。而在缺氧条件下，NTR 将硝基还原为氨基，探针的荧光得到恢复。但这类探针灵敏度低，只能检测极度缺氧。为了改善这一问题，Ma 等通过在试卤灵上修饰 5-硝基呋喃设计了一个缺氧敏感的荧光探针[32]。在缺氧条件下 5-硝基呋喃与 NTR 发生还原反应释放试卤灵荧光团，荧光得到恢复。NTR 的检出限低达 0.27 ng/mL。但这类探针的吸收和激发波长处于紫外或者可见光区，容易造成组织损伤以及激光快速衰减，因此不利于体内实验[33,34]。Nagasawa 等为了解决上述问题，发展了缺氧敏感的近红外探针（λ_{ex} = 753 nm，λ_{em} = 778 nm）[35,36]。探针中 2-硝基咪唑为缺氧识别位点，但反应后仅有微弱的荧光恢复（4 倍），很难直接用于生物体内缺氧成像。为了改善这种状况，最近 Li 等报道了一种基于三羰花菁（Cy7）的近红外荧光探针（λ_{ex} = 769 nm，λ_{em} = 788 nm）。该探针能够灵敏地响应 NTR（信背比高达 110 倍），荧光强度与 NTR 在 0.15~0.45 μg/mL 范围内成线性关系，检出限为 1.14 ng/mL[37]。因肿瘤体积越大缺氧程度越严重，可在裸鼠体内种植不同体积的肿瘤来构建不同程度缺氧。如图 1-4 所示，在肿瘤体积为 7 mm 和 12 mm 的 A549 荷瘤裸鼠瘤内注射探针，荧光强度分别增强 3 到 8 倍。不同的荧光强度反应了不同程度的缺氧，该结果进一步采用 PET 成像证明。

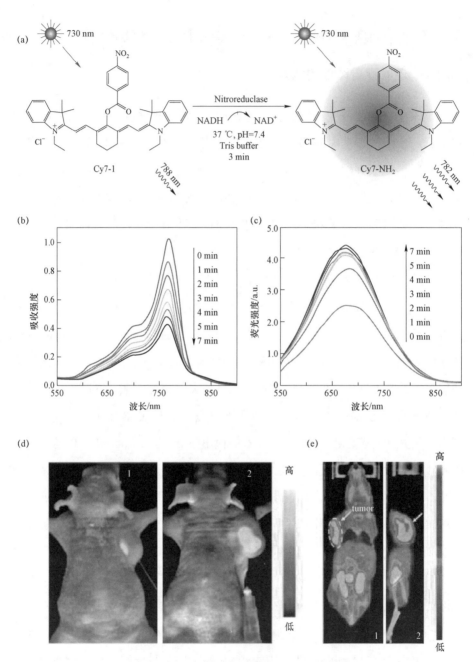

图 1-4 探针 Cy7-1 荧光特性及体内成像

(a) 硝基还原酶（NTR）与探针 Cy7-1 作用的机理图；(b) 探针 Cy7-1 的吸收；
(c) 荧光随反应时间的变化；(d) A549 荷瘤裸鼠瘤内注射探针 5 min 后荧光成像图，
肿瘤的尺寸分别为 7 mm（左边）和 12 mm（右边）；(e) A549 荷瘤裸鼠瘤内注射 ^{18}F-FMISO 造影剂，
90 min 后 PET 成像图

（2）醌基识别位点

醌基是一种非常好的电子受体，能够有效地猝灭与它连接的不同荧光基团[38]。在缺氧条件下醌基发生还原反应生成良好的电子供体酚，荧光得到恢复[39]。因此醌基可作为缺氧识别位点用于缺氧检测。

Nishimoto 等合成一种以吲哚醌为缺氧识别位点的荧光探针。在缺氧条件下，探针发生还原反应很快被分解，释放香豆素荧光基团，荧光得到恢复[40]。而香豆素水溶性差以及激发和发射波长短，限制了该探针在细胞层面上的应用。为了解决上述问题，他们在醌上修饰了罗丹明（亲水基团）构建了亲水探针 IQ-R 用于缺氧成像[41-43]。常氧条件下，罗丹明的激态荧光被分子内的醌猝灭。若缺氧条件下，醌的电子发生还原反应，释放罗丹明荧光团，荧光得到恢复（图 1-5）。

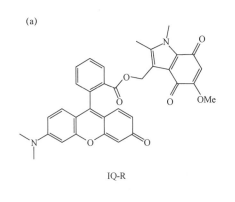
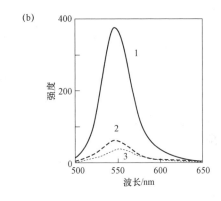
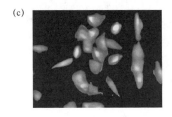
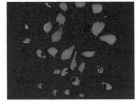

图 1-5　吲哚醌类荧光探针用于缺氧成像的研究

（a）探针 IQ-R 结构示意图；（b）探针 IQ-R 与酶在不同条件下反应后的荧光光谱图：(1) 缺氧条件下孵育 30 min，(2) 常氧条件下孵育 30 min，(3) 缺氧条件下孵育 0 min；(c) A549 细胞与 IQ-R 分别在缺氧和常氧条件下孵育 24 h 后共聚焦成像

（3）偶氮苯识别位点

偶氮苯是另外一种重要的缺氧敏感的识别位点[44,45]。在缺氧条件下偶氮苯首先被偶氮酶还原成含联亚氨基（—NHNH—）的中间产物，最后还原成氨基苯。这一还原过程高度依赖缺氧程度[46]。

在过去的十几年，Nagano等报道了一系列的缺氧敏感的偶氮类荧光探针[47]。

例如，偶氮苯基团的两端分别连接近红外染料花菁素和猝灭剂（BHQ）。在常氧条件下，偶氮苯基团保持不变，BHQ猝灭花菁素的荧光。而在缺氧条件下，偶氮苯基团被偶氮酶还原，BHQ远离花菁素，猝灭效应消失引起荧光强度的极大增强。由于偶氮苯基团对缺氧微环境具有高的灵敏度，Nagano等进一步把罗丹明连接到偶氮基团上［图1-6（a）］[48]。缺氧条件下，偶氮键发生还原反应，释放出罗丹明染料，荧光得到恢复。探针的信背比高达630倍可用于检测活细胞不同程度缺氧［图1-7（b）～（d）］。

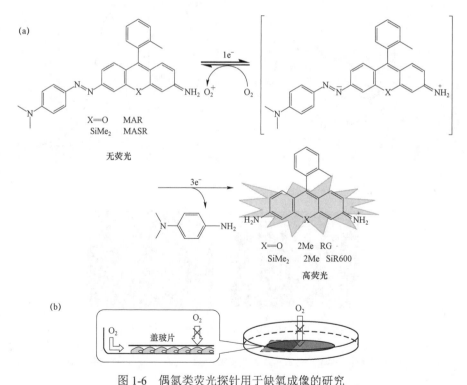

图1-6 偶氮类荧光探针用于缺氧成像的研究

（a）偶氮苯探针（MAR，MASR）检测缺氧的机理示意图；（b）通过盖玻片制造细胞缺氧

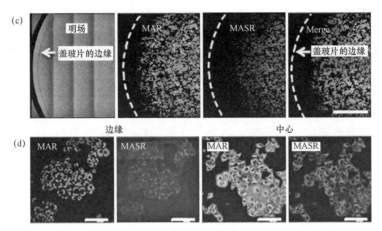

图 1-6　偶氮类荧光探针用于缺氧成像的研究（续）

（c）A549 细胞与探针在缺氧条件下孵育 3 h 后共聚焦显微成像图；（d）A549 细胞在不同缺氧程度下共聚焦成像放大图。注：盖玻片的边缘为轻微缺氧区域，而中心为缺氧严重区域；标尺：100 μm

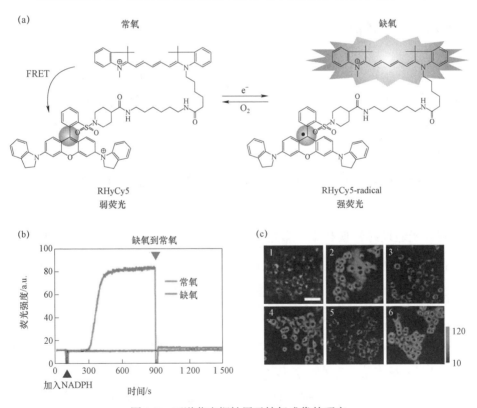

图 1-7　可逆荧光探针用于缺氧成像的研究

（a）可逆荧光探针检测缺氧的机理图；（b）探针可逆性的考察（λ_{ex} = 650 nm，λ_{em} = 670 nm）；（c）A549 细胞与探针在缺氧-复氧条件下共聚焦显微成像，标尺：50 μm

(4) 可逆传感探针

肿瘤缺氧部位可能复氧，因此肿瘤组织公认的特征是组织在氧化还原态之间存在动态平衡[49-51]。当检测区域复氧的时候，上述探针不能恢复到原始状态。因此，发展一种可逆的荧光探针用于实时监测肿瘤组织中缺氧-复氧动态平衡是十分必要的。Hanaoka 等使用花菁染料 Cy5 和 QSY-21 分别作为 FRET 的供体和受体，设计了一个可逆的缺氧探针（图 1-7）[52,53]。常氧条件下，Cy5 的荧光发射与 QSY-21 氧化形式的吸收重叠，此时探针荧光很弱。而在缺氧条件下，QSY-21 的电子被还原，FRET 消失，Cy5 的荧光增强。重新复氧时，QSY-21 再次被氧化，荧光强度迅速降低到原始水平。进一步实验表明该探针可用于活细胞中实时监测缺氧-复氧循环。

1.3.1.2　O_2 浓度的测定

理论上，基于还原敏感基团的探针是能够检测缺氧程度。然而实际应用中，这类探针容易被其他还原物质影响（如广泛存在于肿瘤细胞的谷胱甘肽和半胱氨酸）并不能准确反映氧气的分压 pO_2，因此发展能在生物体内直接成像 pO_2 的方法是非常必要的[54,55]。

目前已有关于 O_2 敏感发光探针的报道，例如，Ru^{2+}、Ir^{3+} 以及卟啉复合物[56-67]。这些发光探针被 O_2 猝灭的机理如图 1-8 所示，在激光的照射下，激发态分子通过内转换和系间窜越形式释放能量抵达三重激发态的最低能级（T_1）。若有 O_2 时，部分激发态分子与 O_2 发生碰撞而导致磷光猝灭并且随着 O_2 浓度的增加而降低，该方法可直接以及可逆地检测 O_2[68,69]。

通过磷光强度"on-off"的变化，发展了很多光学探针用于检测 O_2。然而这种单信号强度很容易受到探针浓度、光散射以及内部环境（如温度、pH）变动的影响，很难精确定量 O_2 浓度。在过去的几十年，研究者发展了至少三种策略来解决上述问题。第一种策略是设计同时含有 O_2 不敏感和 O_2 敏感的发光的比率复合探针。该方法是将两个不同波长的发光强度相比，消除外界因素干扰，从而实现准确测量 O_2 浓度。第二种策略是基于 FRET 双发射纳米探针比率检测

O_2 浓度[70-72]。一般荧光染料/纳米颗粒为 FRET 供体/内参，O_2 敏感的有机染料为受体。这两个发射波长的比值与 O_2 浓度相关，从而可比率检测 O_2 浓度。第三种策略是依据磷光寿命成像[73-78]。作为荧光基团的固有特性，磷光寿命信号不会受发光分子在细胞、器官甚至身体内不均匀分布的影响，而仅随 O_2 浓度变化。以下总结了最近在生物体系中发展的比率测量 O_2 浓度的探针。

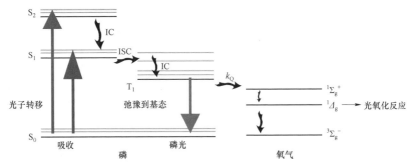

图 1-8　O_2 诱导磷光猝灭过程中能量转换路径的示意图
S_0、S_1、S_2 分别代表单重基态、第一电子激发单重态、第二电子激发单重态；
T_1 代表激发三重态；IC 代表内转换；ISC 代表系间窜越

（1）复合型比率探针

复合型比率探针在发射光谱上表现为 O_2 敏感的磷光发射和 O_2 不敏感荧光发射，磷光与荧光强度的比值用来定量 O_2 的浓度。复合型比率 O_2 探针应该具备以下两个条件：首先荧光和磷光光谱可以清晰地分开；其次荧光发射光谱不受周围物质的影响，而磷光仅被 O_2 猝灭。

Fraser 等率先设计了一个同时发射荧光和磷光的复合型探针用于比率缺氧成像[79]。研究者通过控制聚合物的相对分子质量（P_1 = 2 700 Da，P_2 = 7 300 Da，P_3 = 17 600 Da）来调节探针激发单重态与三重态之间的能量差 [图 1-9（a）]。分子量越低能级差越大，表现为荧光红移，较高的分子量则荧光蓝移 [图 1-9（b）]。在缺氧条件下，低分子量探针 P_1 具有一个相对弱的荧光与此同时产生强的磷光，可作为组织缺氧成像"turn on"模式发光探针 [图 1-9（c）]。相比而言，探针 P_2 具有适中的荧光和磷光发射强度适合比率缺氧成像。如图 1-9（d）~（g）所示，在肿瘤细胞中，单独使用 P_2 纳米材料，荧光和磷光强度的比值与 O_2 浓度具有很好的响应，表明 P_2 探针成功地应用于缺氧比率成像。

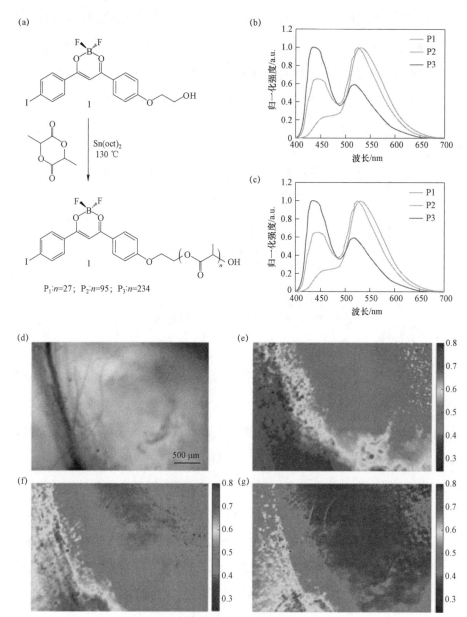

图1-9 同时发射荧光和磷光的复合型探针用于缺氧成像的研究

(a) 不同分子量的二氟代甲酰二苯醚复合探针结构示意图;(b)(c) $P_1 \sim P_3$ 聚合物分别在空气和 N_2 条件下的发射光谱;P_2 纳米颗粒在 4T1 荷瘤老鼠体内进行荧光/磷光比率成像:(d) 明场,(e) 95%O_2,(f) 21%O_2,(g) 0%O_2;荧光和磷光发射光谱的收集范围分别是 430~480 nm 和 530~600 nm

（2）基于 FRET 比率型探针

构建 FRET 比率传感体系，一个必要条件是供体发射与受体的吸收能够很好的匹配。Yoshihara 等选择 O_2 浓度不敏感的香豆素 343（C343）荧光团作为供体，O_2 浓度敏感的 Ir 复合物［(btp)$_2$Ir（acac）］磷光团作为受体[80]。通过四脯氨酸将这两个发光体连接起来（图 1-10）。在波长为 405 nm 激发下，

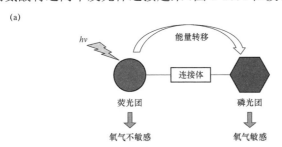

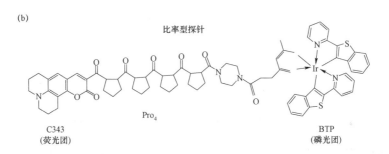

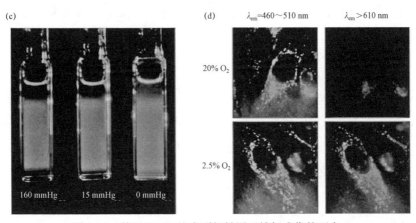

图 1-10　基于 FRET 比率型探针用于缺氧成像的研究

(a) FRET 比率探针检测 O_2 浓度的原理示意图；(b) 探针的分子结构；(c) 不同 O_2 压力下，紫外光照射（λ_{ex} = 365 nm）探针分子的发光图；(d) HeLa 细胞与探针在 20%或者 2.5%O_2 含量的条件下共聚焦显微成像；λ_{ex} = 405 nm，C434 和 Ir 复合物收集光谱范围分别是 460～510 nm 和＞600 nm

探针中 C343 吸收光子，然后通过 FRET 将部分能量转移给 Ir 复合物。在常氧条件下（pO_2：160 mmHg），O_2 分子猝灭红色的磷光，此时探针发射蓝色荧光。而缺氧条件下（pO_2：0 mmHg），Ir 复合物的磷光强于 C434 荧光，故探针分子发射强的红色磷光。细胞实验表明，该探针比率地描绘了活细胞中 O_2 的浓度。

（3）磷光寿命探针

O_2 敏感的磷光探针的发光强度和衰减时间取决于 O_2 浓度，它们之间的关系满足著名的 Stern-Volmer 方程[81]，公式如下：

$$\frac{I_0}{I} = \frac{\tau_0}{\tau} = 1 + K_{SV}[O_2] = 1 + k_q \tau_0 [O_2] \tag{1-1}$$

其中 I/I_0 和 τ_0/τ 分别代表发光强度和衰减寿命；I_0 和 τ_0 分别代表缺氧条件下磷光强度和磷光寿命；I 和 τ 分别代表含氧条件下的磷光强度和磷光寿命；$[O_2]$ 代表 O_2 摩尔浓度；K_{SV} 和 k_q 分别代表 Stern-Volmer 猝灭常数和猝灭速率常数。

为了能够精确测量 O_2，Kamachi 等使用 O_2 浓度敏感的磷光探针，实现了整个细胞内 O_2 浓度分布的成像（图 1-11）[82]。加入抑制细胞消耗 O_2 的抗霉素 A，细胞内的平均磷光寿命在 30 min 内从 23 μs 降低到 19 μs，并且这个值在 60 min 内保持不变。另外这一策略具有可逆性，通过磷光寿命可以在缺氧-复氧循环的环境下成像 O_2 浓度。

采用光致发光进行缺氧成像时灵敏度高，但是准确度不够。相比较而言，寿命成像可靠度高，但是耗时长。若将两者结合起来，在区分以及定量缺氧和常氧时起到了扬长避短的效果。Papkovsky 等报道了一种利用阳离子胶束内部包裹的 O_2 敏感探针铂-内消旋-四（硅烷）卟啉（PtPFPP）和 O_2 不敏感的二萘嵌苯荧光染料来感应细胞内 O_2 的方法[83]。其中二萘嵌苯为光的捕获剂和能量供体。结果表明探针可以同时进行比率和寿命成像来检测 O_2。为了动态检测细胞内 O_2 及细胞呼吸过程中 O_2 发生的动态变化，小鼠胚胎成纤维细胞分别与促进线粒体消耗 O_2 的羰基氰化物 4-苯腙（FCCP）或抑制线粒体

消耗 O_2 的抗霉素 A (AntiA) 共孵育。在这些条件下，探针的磷光寿命具有明显的差异，分别为 66 μs 和 36 μs。因此，通过同时进行荧光比率和寿命成像，发展了一种可靠且准确的测量细胞内 O_2 浓度的方法。

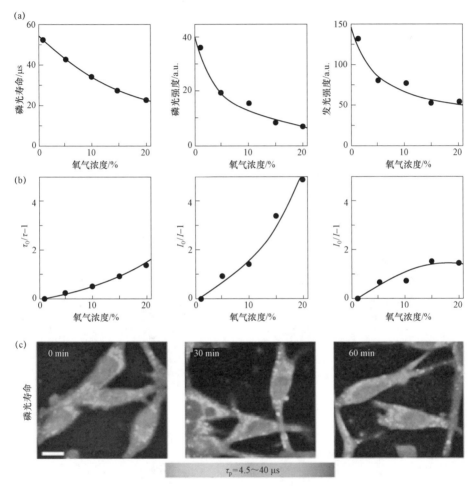

图 1-11　磷光寿命探针用于缺氧成像的研究

(a) O_2 浓度与磷光寿命（左）、磷光强度（中）和发光强度（右）之间的关系；

(b) Stern-Volmer 磷光寿命曲线（左）、磷光强度曲线（中）和发光强度曲线（右）；

(c) 加入抗霉素 A 之后磷光寿命成像

虽然光学成像模式表现出单细胞灵敏的优势，但是它的空间分辨率会随着组织深度急剧下降。目前计算机断层扫描（CT）、正电子断层成像（PET）、单电子发射扫描（SPECT）等成像效果因不会受到组织深度的影响，在临床上对肿瘤缺氧成像具有非常大的应用价值[84,85]。

1.3.2 PET 检测

正电子发射断层显像（positron emission tomography，PET）是将标记放射性核素的显影剂注入生物体内，探测核素衰减释放出正电子与周围的负电子发生湮灭产生的伽马光子对，从而获得显影剂在生物体内的浓度和分布信息（图 1-12）[86]。缺氧 PET 显影剂一般是由放射性核素和缺氧敏感基团两部分组成[87]。由于 ^{64}Cu、^{18}F、^{11}C 和 ^{15}O 的半衰期短，常作为放射核素[88]。缺氧敏感部分一般是硝基咪唑类似物或非硝基咪唑类。

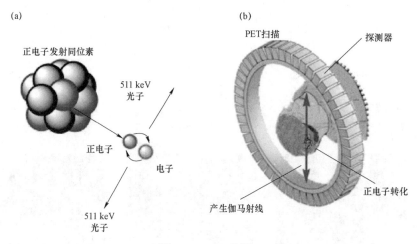

图 1-12　PET 检测
（a）正电子与电子发生湮灭反应，产生一对能量为 511 keV 方向相反的光子；
（b）PET 设备中的循环伽马射线检测仪器吸收产生的光子

1.3.2.1　硝基咪唑类似物

硝基咪唑显影剂为 PET 缺氧成像的第一代分子探针。将硝基咪唑显影剂注入病人体内，显影剂主动扩散进入肿瘤细胞，分两种情况讨论：① 若在常氧细胞内，硝基咪唑的电子还原成硝基咪唑自由基中间体，而中间体化合物立即被氧化生成母体化合物，排出细胞外。② 若在缺氧细胞内，中间体化合物继续发生还原反应,且与细胞内的大分子物质形成稳定的亚硝基杂环化合物,最终停留在缺氧细胞内(图 1-13),其浓度与缺氧程度成正比[89]。停留在缺氧细胞中的显影剂标记了放射性同位素会发生衰变释放出正电子(e^+)与生物体内邻近的负电子发生湮灭反应,产生能量相同方向相反的伽马光子对。根据爱因斯坦的质能方程,每个伽马光子的能量为 511 keV。置于生物组织外的 PET 探测系统探测到光子,然后通过光的形式释放吸收的能量,光信号进一步转换成电流,电流信号的强度与吸收光子的能量成线性关系,最后通过相应的重建算法获得显影剂在生物组织中的分布和浓度信息。因此,硝基咪唑化合物可以用来进行肿瘤组织的缺氧成像,并可以进行量化[90]。

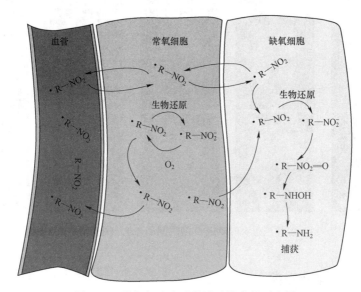

图 1-13　缺氧细胞内硝基咪唑捕获的示意图

依他硝唑(^{18}F-EF5)具有独特的脂溶性容易进入细胞和组织[91]。然而高脂溶性会阻碍清除正常组织中的显影剂,导致较低的信背比。为了解决这一问题,进一步发展了在正常组织中便于清除的 PET 显影剂。以 ^{18}F-HX4 为例,通过"点击"反应把 1,2,3-三唑修饰在 ^{18}F-硝基咪唑丙醇(^{18}F-fluoromisonidazole,^{18}F-FMISO)上,这样赋予了 ^{18}F-HX4 显影剂亲水性和易于清除的特性[92-96]。在小鼠体内，注射 ^{18}F-FMISO 两个小时后，探针大部分累积在肝脏，少部分累积在肿瘤部位。而在注射 ^{18}F-HX 两个小时后，绝大多数的探针聚集在肿瘤部位和肾脏，少部分累积在肝脏和正常器官（图 1-14）[97]。由于 ^{18}F-HX4 具有快速的清除能力确保了低背景信号，因此与传统的 PET 缺氧显影剂相比，^{18}F-HX4 表现出更高的特异性和短暂的注射-获取时间。

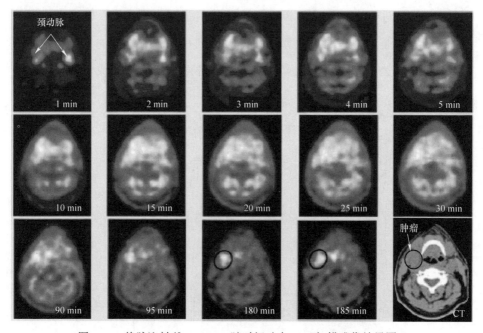

图 1-14　静脉注射 ^{18}F-FMISO 随时间动态 PET 扫描成像结果图

1.3.2.2　非硝基咪唑类

在临床上另外一种使用较为广泛的 PET 缺氧显影剂是 ^{18}F-氟代脱氧葡萄糖（^{18}F-FDG）。缺氧条件下，线粒体合成 ATP 的数量减少，细胞通过糖酵解途径来补充能量。肿瘤细胞摄取 ^{18}F-FDG 的量与缺氧程度直接相关。FDG-PET 显影剂正是利用肿瘤细胞缺氧引起葡萄糖代谢异常进行缺氧成像[98,99]。然而，临床研究显示大部分非缺氧的肿瘤细胞也高度依靠糖酵解产生 ATP，所以用 FDG 滞留情况来反映缺氧程度是不准确的[100]。

最近，Cu 复合物与二乙酰-二（N^4-甲基氨基硫脲）（ATSM）配体结合作为新型的一代缺氧显影剂[101]。由于 Cu-ATSM 的脂溶性和低的分子量，可以迅速进入细胞[102]。Cu-ATSM 能够表征缺氧是基于 Cu^{2+} 还原成 Cu^+，进一步从配合物上解离[103,104]。而在正常的情况下［Cu^+-ATSM］$^-$ 复合物将会被重新氧化成最初形式，排出细胞外。一般而言，^{64}Cu 具有良好的物理特性，是最常用的放射性核素。由于 Cu-ATSM 易于从正常组织中快速清除、制备简便、高的信背比等优势，已成为一种有效的肿瘤缺氧 PET 显影剂。

由于信背比高、分辨层析图像清晰和定位肿瘤缺氧部位精确以及对生物组织的毒副作用小，因此 PET 在临床上对肿瘤缺氧成像起着非常重要的作用。然而在 PET 扫描过程中，不可避免有辐射的危害[105]。

1.3.3 MRI 检测

（磁）共振成像（magnetic resonance imaging，MRI）是断层成像的一种，它利用 ^{1}H、^{19}F 和 ^{31}P 等原子核自旋运动的特点，在外加磁场的作用下经内射频脉冲激发后产生信号，再用探测器检测并经计算机处理转换后重建出人体信息[106]。因其具有高对比分辨率、检查无创性以及无辐射等优势，在临床诊断上起着越来越重要的作用。一般使用缺氧响应的 MRI 造影剂，检测缺氧引起水质子弛豫率（T_1、T_2 和 T_2^*）或者是水质子的强度的变化（化学交换饱和度和顺磁化学交换饱和度，命名为 CEST，PARACEST）[107]。接下来我们描述几种肿瘤缺氧成像的 MRI 造影剂。

1.3.3.1 T_2-MRI 探针

由于 T_2-MRI 超顺磁试剂与缺氧微环境是不相关的，因此目前还没有关于缺氧响应的 T_2-MRI 造影剂[108]。然而血氧含量相关的 MRI（blood oxygen level-dependent MRI，BOLD-MRI）可作为缺氧检测的方法。该方法是基于血红素亚基中的铁离子由反磁性低自旋状态（高压 pO_2）改变成顺磁高自旋

（低压 pO_2）[109]，使用梯度回波序列追踪血液中脱氧血红蛋白含量的变化得知水的弛豫行为（特别是 T_2），从而可以测量血氧水平[110-112]。

1.3.3.2　T_1-MRI 探针

虽然 T_2-MRI 探针能够区分缺氧和常氧，但 BOLD 与 T_2-MRI 之间的关系并不能直接反应组织中的 O_2 含量，所以不能定量测量 pO_2。与 T_2 加权成像相比，T_1 加权成像是通过减少附近的水分子纵向-自旋晶格弛豫时间，增加质子弛豫效能，达到增强相关领域相对明亮度，因此 T_1 加权成像能够提供更加真实的信息用于高分辨成像[113,114]。

原则上，T_1-缩短造影剂通过改变组织中水质子的纵向弛豫时间来增强核磁信号。造影剂 ^1H 的弛豫效能取决于多个参数。缺氧条件下引起每一个参数的变化都可以用来发展缺氧敏感的 MRI 探针。最常用到这一策略的是改变内部球形水质子数量（q）[115,116]。Nagano 等通过调节 Gd^{3+} 的水化状态，发展了很多的含有亚硝基苯磺胺缺氧敏感的 Gd^{3+} 复合物[117]。在缺氧条件下，硝基可有效的还原成氨基。硝基和氨基分别为强的吸电子和供电子基团。此时分子内磺酰胺氮原子质子化导致水分子不能靠近 Gd^{3+} 中心部位，Gd^{3+} 结合的水分子数量从 $q=0$ 增加到 $q=2$。因此，最终产物的弛豫效能从刚开始的 Gd^{3+} 复合物增加到 80%，通过 T_1-加权核磁成像检测缺氧（图 1-15）。

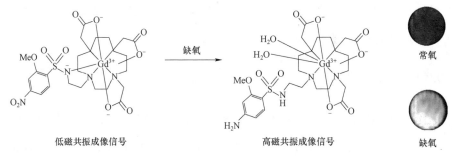

图 1-15　调节 T_1-MR 相关的参数 q 进行缺氧成像的示意图

1.3.3.3 ^{19}F MRI 探针

传统临床上的 MRI 是检测 ^{1}H 原子核,然而人体水、脂肪内含有大部分的 ^{1}H 核素[118]。其他一些活性核素,例如 ^{13}C、^{19}F、^{23}Na 和 ^{129}Xe 也可用于 MRI 检测[119-125]。其中,由于 ^{19}F MRI 的灵敏度类似于 ^{1}H,引起广泛的关注。更为重要的是内源性 ^{19}F 在组织中的含量(少于 10^{-3} μmol/g)低于 ^{19}F 的检测限,因此具有较高的信背比[126,127]。

1.3.3.4 缺氧激活的双模式探针

虽然上述探针对响应缺氧具有潜在的临床应用价值,但由于探针浓度的波动或者其他环境变化会引起假信号,因此缺氧响应的单信号不是百分之百的可靠。如果一个成像探针同时通过两种成像模式记录缺氧程度,则更有说服力和精确评估缺氧[128,129]。考虑到上述因素,MRI/荧光双模式结合的策略具有吸引力,因为每种模式的缺点可以通过另外一种模式抵消[130]。

Johnson 等通过 Cy5.5-连接大分子单体和螺环己基硝基氧发生开环聚合反应形成缺氧敏感的聚合物纳米颗粒[131]。该纳米颗粒含有高密度的硝基氧和一个近红外染料分别用于 MRI 和光学成像。硝基氧通过催化系间能够猝灭激发单重态能量,同时硝基氧被认为是 MRI 有效的有机自由基造影剂[132-133]。在常氧条件下,纳米颗粒骨架中含有大量的硝基氧,表现出 MRI 性能,同时猝灭 Cy5.5 荧光发射。在缺氧条件下,硝基氧很会被还原成抗磁性羟胺[134],引起 MRI 降低和荧光信号增强(图 1-16)。在注射 30 min 之后,肝和肾脏部位产生较强的荧光,与 MRI 结果相一致。通过使用核磁共振/荧光强度双模式成像,为组织/肿瘤诊断缺氧提供可靠的信息。

1.3.4 光声检测

光声成像(photoacoustic imaging,PAI)是利用光声效应(photoacoustic effect)

发展的一种非入侵式的新型生物医学成像技术。当脉冲激光照射到生物组织时，组织因吸收激光能量产生超声信号，通过探测超声信号重新组建组织中光的吸收和分布图像（图 1-17）。不同生理状态的生物组织对光的吸收不同，从而光声图像反映组织代谢的差异和病变特征信息。光声成像结合了光学成像的高对比度和超声成像的高穿透深度以及使用光声波代替光学成像中的光子检测，从原理上避开了光散射的影响，可得到高分辨和高对比度的组织成像[135]。

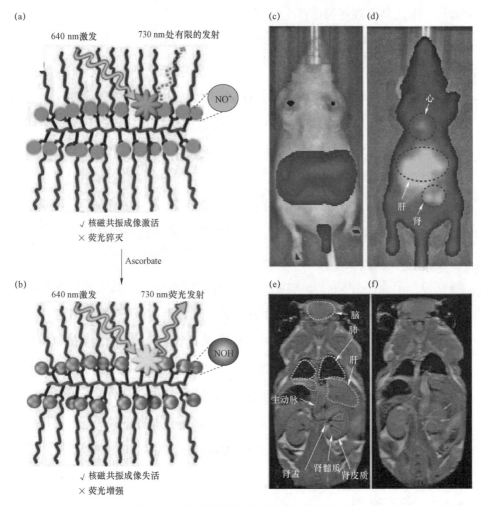

图 1-16　核磁共振/荧光双模式缺氧成像

(a) 硝基氧在缺氧条件下发生还原反应的示意图；(b) 探针注射之前小鼠荧光成像图；
(c) 探针注射前小鼠荧光成像图；(d) 探针注射 30 min 后小鼠荧光成像图；
(e) 探针注射前小鼠 MR 成像图；(f) 探针注射 30 min 后小鼠 MR 成像图

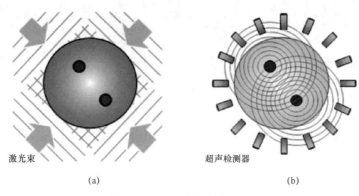

图 1-17　光声成像的机理图

(a) 辐射；(b) 检测

在 O_2 代谢过程中，除了 pO_2 还有一个重要的血流动力学参数即血氧饱和度（sO_2）。pO_2 代表细胞内可利用的游离 O_2 总量，而 sO_2 代表血红素结合的 O_2 总量。pO_2 和 sO_2 之间的关系表明 O_2 与血红素的结合力以及在生理和病理条件下携带和释放 O_2 分子个数。PAI 对光学吸收系数高度敏感，任何微小的变化都会引起超声信号输出的变化。氧合血红蛋白和脱氧血红蛋白是组织中的两种主要的吸收剂，基于内源性的比较，通过定量生理状态下血红蛋白携带 O_2，PAI 能够动态成像 sO_2 变化[136,137]。

PAI 通过内源性造影剂可以获得组织相关信息。若引入外源性造影剂可进一步提高成像效果，甚至可以成像分子相关信息[138]。Wang 等结合 PAI 和高分辨 CLSM 发展了双模式显微镜同时成像 sO_2 和 pO_2（图 1-18）[139]。PAI 通过比较氧合血红蛋白和还原血红蛋白在 570 nm 和 578 nm 处的光学吸收可以得知 sO_2。同时，使用传统的 O_2 指示剂，Pd-内消旋（羧基苯基异硫氰酸酯）卟啉通过 CLSM 可以进行定量分析 pO_2。结果表明，当组织中微环境由超氧转换成低氧时，sO_2 和 pO_2 水平降低。在含氧量为 $100\%O_2$ 和正常含氧量（$21\%O_2$），sO_2 和 pO_2 的值在不同血管分支中与 O_2 血红蛋白解离曲线相一致。由于能够同时得出 sO_2 和 pO_2，这种双模式显微系统在分析 O_2 消耗量以及 O_2 在组织中运输具有非常明显的优势。

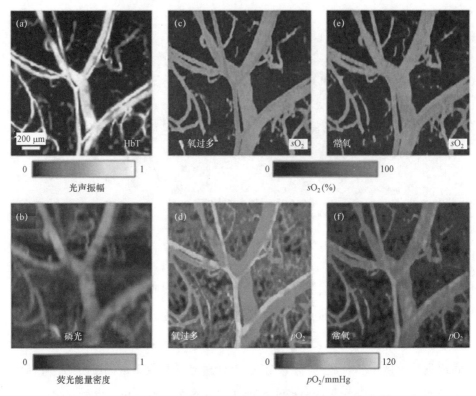

图 1-18　应用光声和共聚焦显微双模式成像老鼠耳部缺氧和常氧
（a）光声成像在 570 nm 总的血红蛋白浓度；（b）～（f）缺氧和常氧的条件下，
光声成像和共聚焦显微成像 sO_2、pO_2

1.4　功能化纳米探针及其在肿瘤缺氧微环境中的应用

1.4.1　功能化纳米探针的简介

随着化学、材料、物理学等学科的不断发展和进步，各学科之间的联系也越来越紧密。近年来，各种新型的纳米材料不断涌现为发展新型的功能化纳米材料提供了前所未有的契机[140,141]。目前已有多种纳米材料被应用于构建各种多功能生物纳米探针，包括上转换（upconversion nanoparticles，UCNPs）、聚合物纳米胶束（copolymer nanomicelle）、量子点（quantum dots，QDs）、金属有机框架（metal-organic frameworks，MOFs）等。相比于传统检测探针，功能化纳米探针具有制备简便、多功能复合、生物相容性好、易于信号放大等多种优越性。

1.4.2 功能化纳米探针在肿瘤缺氧微环境中的应用

伴随纳米技术的快速发展及其与生命科学的不断交叉融合，一系列基于功能化纳米探针信号发生和变化在肿瘤缺氧微环境成像与治疗中被不断开发出来，包括荧光成像、基因治疗、药物治疗等[142,143]。以下按不同功能化纳米探针进行简要介绍。

1.4.2.1 量子点

量子点（QDs）通常是指 Ⅱ-Ⅵ、Ⅲ-Ⅴ 和 Ⅳ-Ⅵ 族元素组成的在三维尺度限域（2～20 nm）的半导体荧光纳米晶粒[144,145]。与传统染料相比，QDs 具有一些独特的光学特征：包括① 光稳定性好，荧光量子产率高（50%～80%）以及荧光寿命长（20～50 ns）；② 单一波长光源激发不同尺寸的 QDs 可产生多色荧光用于多通道检测；③ 吸收光谱宽且连续，而发射光谱窄且对称[145,146]。

基于这些优良的特性，QDs 可作为 FRET 体系中的供体用于成像和研究不同分析物。在缺氧成像方面，Credi 等首次在 CdSe@ZnS 核壳量子点的表面上修饰芘分子，设计了一种比率型 O_2 纳米探针[146]。该探针的机理是 QDs 表面修饰的芘分子的荧光会被 O_2 猝灭，而 QDs 发射的荧光则不受影响。鉴于这样的设计理念，Kim 等在 QDs 表面包裹阳离子两亲性聚合物设计了一种多功能的比率型 O_2 传感器（图 1-19）[147]。该多功能比率检测平台具有两个重要的部分，一个疏水的内核和一个带正电荷外壳。疏水的内核包括 Ru 染料和 QDs 用

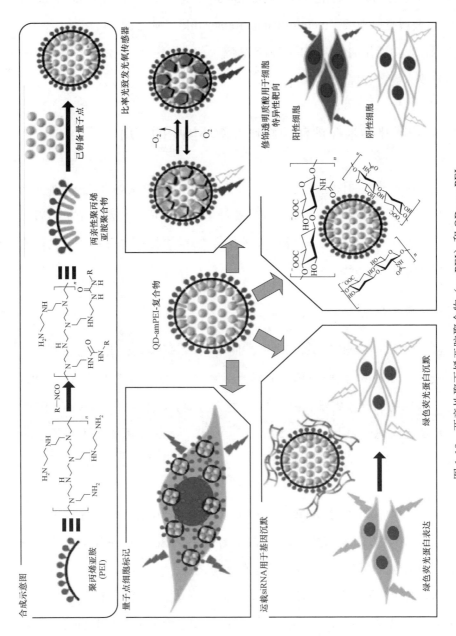

图 1-19　两亲性聚丙烯亚胺聚合物（amPEI）和 QDs-amPEI 复合物形成的示意图以及多功能平台 QDs-amPEI 的用途

于比率传感 O_2。QDs 为 O_2 不敏感的荧光基团，发射在 470 nm，该发射会激发 O_2 敏感的 $Ru(dpp)_3^{2+}$ 染料分子。若有 O_2 分子存在，$Ru(dpp)_3^{2+}$ 在 620 nm 发射被猝灭。纳米颗粒表面进一步使用外部带正电荷的聚乙烯亚胺（PEI）修饰，作为细胞标记、运输基因、特异性靶向细胞的载体。因此，除了通过比率光学信号可逆检测的 O_2 分子，该传感器还可以同时进行目标物标记、运输基因以及特异性靶向细胞。

Huang 等报道了一种荧光/磷光双发射的聚合物量子点用于比率检测细胞或者组织中 O_2 含量，该量子点由 O_2 敏感的磷光 Pt^{2+} 卟啉和 O_2 不敏感的芴组成[148]。聚合物含有疏水链和亲水侧链，可在磷酸盐（PBS）缓冲溶液中自组装形成量子点。在波长为 405 nm 激发下，聚合物有效地把光能转移到磷光染料中，从而产生高度依赖 O_2 浓度的磷光发射。探针在细胞内成像如图 1-20 所示，供体荧光（420～460 nm）没有发生改变，而来自受体的磷光强度（630～680 nm）取决于 O_2 浓度。

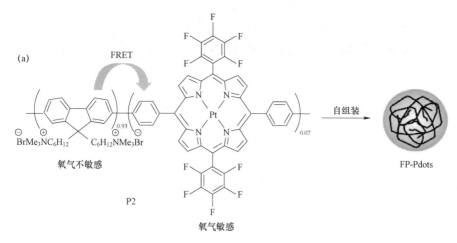

图 1-20 荧光/磷光双发射的聚合物量子点用于
比率检测细胞或者组织中 O_2 含量
（a）缓冲溶液中自组装形成聚合物量子点示意图

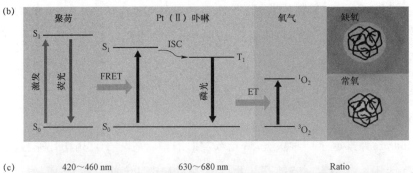

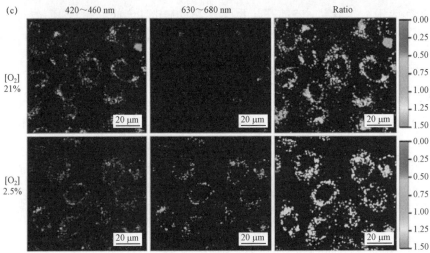

图 1-20 荧光/磷光双发射的聚合物量子点用于
比率检测细胞或者组织中 O_2 含量（续）
（b）聚合物量子点对 O_2 敏感机制的示意图；
（c）HepG2 细胞与聚合物量子点在 O_2 浓度为 21%和 2.5%条件下
共孵育后比率共聚焦显微成像

1.4.2.2 上转换

稀土元素掺杂的上转换纳米颗粒（upconversion nanoparticles，UCNPs）连续不断吸收长波长的光子（如近红外光），然后转换成短波长的光子[149-151]。由于双光子染料分子的虚拟中间态表现出很短的寿命，需要足够高的光子能量才可以激发。而上转换纳米材料存在真实的中间态，具有相当长的寿命（几毫秒），仅需要适当的激发功率就可以激发 UCNPs。近年来发展了一系列基于 UCNPs 的 FRET 体系用来检测不同的分析物，例如 DNA、GSH、CN⁻、Ca^{2+}、Hg^{2+} 以及重要的疾病标记物[152-154]。

为了在近红外光的激发下检测 O_2 浓度，Shi 等结合 O_2 指示剂$[Ru(dpp)_3]^{2+}Cl_2$ 和 UCNPs 发展了一种 O_2 敏感的纳米探针（图 1-21）[155]。在 980 nm 激发下，UCNPs 的发射正好可以激发$[Ru(dpp)_3]^{2+}Cl_2$。为了巧妙地把 UCNPs 和 $[Ru(dpp)_3]^{2+}Cl_2$ 结合起来，研究者通过表面-保护刻蚀的方法合成了中空结构的纳米材料，UCNP 为核、介孔二氧化硅为壳。$[Ru(dpp)_3]^{2+}Cl_2$ 通过静电吸附作用装载在具有气体传感通道的介孔材料内部[156]。体内结果表明该纳米探针可对斑马鱼脑部缺氧区域进行高穿透深度成像。

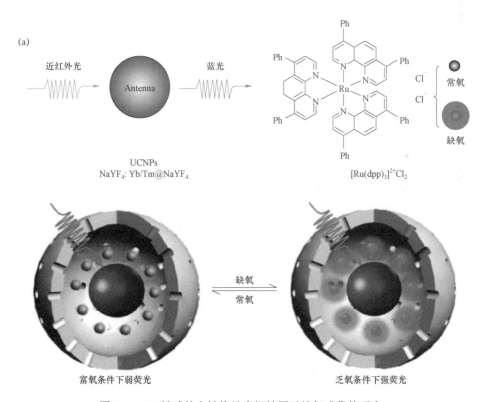

图 1-21　O_2 敏感的上转换纳米探针用于缺氧成像的研究
(a) 纳米探针结构以及通过发光强度的变化传感 O_2 浓度的示意图

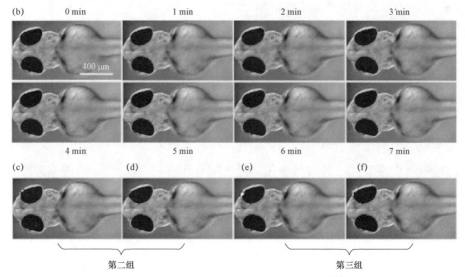

图 1-21 O_2 敏感的上转换纳米探针用于缺氧成像的研究（续）
（b）斑马鱼胚胎注射纳米探针两个小时后加入 2,3-丁二酮进行共聚焦显微成像
（通过废除心脏收缩性引起脑部缺氧）；
（c）加入新鲜水之后脑部的 O_2 恢复，红色荧光猝灭；
（d）～（f）这样的过程重复三次；标尺：400 μm

1.4.2.3 聚合物纳米胶束

聚合物纳米胶束通常是由两亲性聚合物在水溶液中通过自组装形成的纳米颗粒。这种自发过程是由疏水段的吸引力和亲水段之间的排斥力决定的[157,158]。同时在形成的胶束的过程中可以通过物理包埋或化学键合等方式，将基因、蛋白质、药物包裹进入胶束疏水的空腔内。通过在聚合物上面修饰识别位点，可以制备功能化响应的聚合物[159,160]。Buse 等报道了基于葡萄糖响应囊泡（glucose responsive vesicle，GRVs）的微针（microneedle，MN）阵列药物贴片装置来运输胰岛素（图 1-22）[161]。缺氧响应的透明质酸自组装成 GRVs，疏水的内腔里包裹了胰岛素和葡萄糖氧化酶。当血糖含量升高的时候，葡萄糖会与 GRVs 中的葡萄糖氧化酶在 O_2 的作用下，生成葡

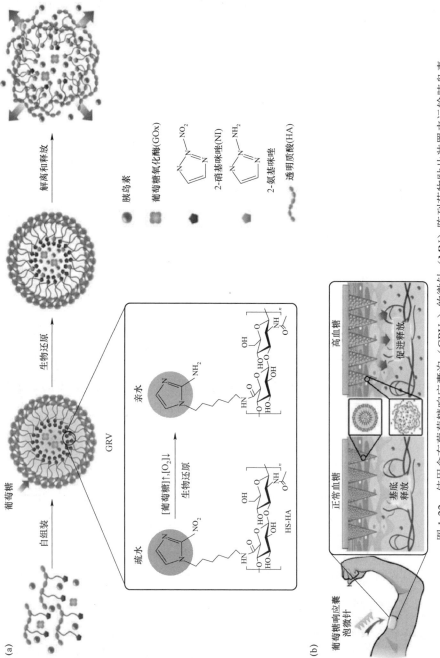

图 1-22 使用含有葡萄糖响应囊泡（GRVs）的微针（MN）阵列药物贴片装置末运输胰岛素

(a) GRVs 的形成以及释放胰岛素的原理示意图；(b) 含有 GRVs 的微针阵列药物贴片调节体内血糖含量的示意图

萄糖酸和 H_2O_2。这一反应消耗 O_2，将会引起细胞内缺氧，此时透明质酸中的缺氧敏感的疏水基团 2-硝基咪唑（2-nitroimidazole，NI）被还原生成亲水的 2-氨基咪唑。囊泡的亲疏水性被破坏，导致囊泡迅速解离并释放胰岛素起到了调节血糖的作用。该工作首次证明使用葡萄糖引发缺氧进而从药物贴片装置中释放胰岛素，从而改善高血糖。

放疗（radiotherapy，RT）是利用高强度电离辐射组织周围水离子化产生 ROS，损伤双链 DNA 来抑制肿瘤生长，并且没有组织深度的限制，因此在临床上具有非常广泛应用。然而放疗效果仍然受到肿瘤细胞的阻碍，一方面是细胞内含有大量的谷胱甘肽（GSH）会减少 ROS，削弱治疗效果；另一方面是肿瘤细胞的快速繁殖导致肿瘤细胞缺氧引起相关的耐药性限制了治疗效果，而且高能量离子辐射（X 射线或者 γ 射线）会影响正常细胞。因此为了提高放疗效率，发展一种有效的放射敏化系统用于提高 ROS 的产生达到缺氧肿瘤治疗的目的是十分有必要的。Zhao 等报道了一种含 Gd 的聚合物金属盐酸盐连接壳聚糖（$GdW_{10}@CS$）的纳米颗粒，作为放射敏化系统。使用高能的 X 射线辐射产生 ROS，同时释放调节缺氧诱导因子（HIF-1α）siRNA 来下调 HIF-1α 的表达，抑制受损的双链 DNA 自身修复。最为重要的是 $GdW_{10}@CS$ 可以促进细胞内 GSH 的消耗，通过 W^{6+} 引起 GSH 的氧化产生过量的 ROS，因此促进放射治疗的效果。结果表明制备的 $GdW_{10}@CS$ 通过内外策略能够克服放疗过程中的障碍，有效提高放疗效果（图 1-23）[162]。

光动力学治疗（photodynamic therapy，PDT）是由光敏剂在激光照射下与 O_2 作用之后产生单线态氧等活性氧物质来破坏蛋白质、脂质、DNA 等细胞成分从而起到治疗肿瘤的目的。光动力学治疗过程中因消耗大量的 O_2，引起肿瘤细胞进一步缺氧。Liu 等利用这一特性，设计合成了一种多功能的脂质体内部包裹缺氧激活的前药 AQ4N 和疏水的光敏剂（十六烷基共轭二氢卟吩 E，hCe6）用于治疗肿瘤细胞（图 1-24）[163]。同时 ^{64}Cu 同位素与 Ce6 螯合作为正电子成像探针并且结合体内荧光和光声成像，揭示了多功能脂质体在静脉注射之后被动靶向肿瘤细胞。在 660 nm 激光照射下，引起严重的缺氧，从而激活 AQ4N，产生明显的肿瘤治疗效果。这一结果表明利用 PDT 过程中的一个副作用-缺氧来起到治疗的效果。

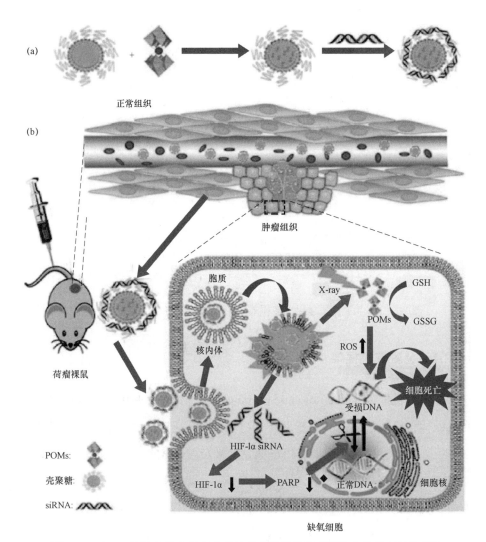

图 1-23　含 Gd 的聚合物金属盐酸盐连接壳聚糖的纳米颗粒作为放射敏化系统

（a）GdW$_{10}$@CS 纳米颗粒的结构示意图；

（b）纳米颗粒作为放射敏化以及 SiRNA 运输载体用于有效地治疗肿瘤细胞

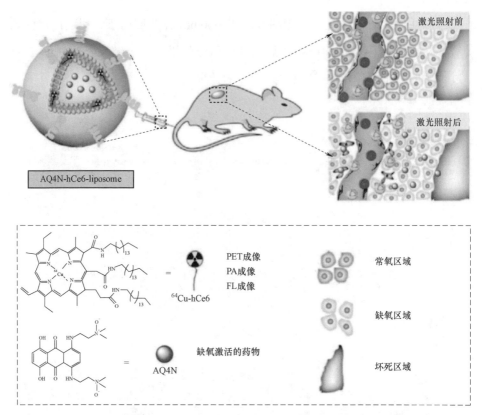

图 1-24 多功能脂质体用于多模式成像及缺氧-诱导肿瘤治疗的示意图

1.4.2.4 金属有机框架

金属有机框架（metal-organic frameworks，MOFs）是由无机金属离子和有机配体自组装形成的一类新型介孔材料，被广泛地用作化学探针来进行生物分析。相比于传统的金属有机框架，纳米尺度的 MOFs（nanoscale MOFs，NMOFs）具有负载率高、孔道大、猝灭少、易降解等优势，在生物传感应用方面表现出更为有趣的特性[164]。Lin 等首次报道了基于 NMOFs 的比率型 O_2 传感器（图 1-25），选择 O_2 敏感的 Pt-5，15-双（对-安息香酸盐）卟啉（DBP-Pt）作为桥接配位体和罗丹明-B 异硫氰酸盐（RITC）作为 O_2 不敏感配体发光[165]。当 O_2 浓度逐渐降低时，探针 RITC 在 570 nm 处的荧光保持不变，而 DBP-Pt 在 630 nm 处的荧光急剧降低，实验结果表明荧光强度比

值 R_I^0/R_I 与 pO_2 的浓度在 0～80 mmHg 存在线性关系。

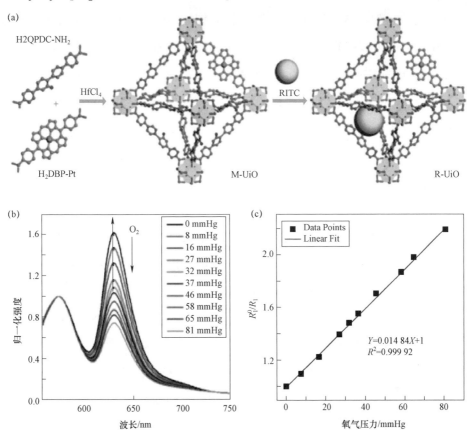

图 1-25 基于 NMOFs 的比率型 O_2 传感器

(a) 比率型 O_2 纳米金属框架的合成示意图；(b) 不同含氧量，探针的发射光谱图（λ_{ex} = 514 nm）；(c) R_I^0/R_I 与 pO_2 之间的线性关系

1.5 本论著的选题依据和研究内容

综上所述，目前关于肿瘤缺氧的研究主要集中在肿瘤缺氧成像以及肿瘤治疗两个方面，而运用缺氧激活的纳米探针来分析和检测缺氧条件下肿瘤细胞在生理和功能上发生变化的相关报道较少。本论著以表面增强拉曼散射

（SERS）、荧光成像技术作为主要的分析和检测手段，结合纳米材料的优势，拟构建一系列功能化纳米探针用于分析和检测缺氧微环境下肿瘤细胞内的变化及肿瘤标志物的检测，有望提高抗癌药物的筛选和优化以及为缺氧相关的临床研究提供可靠的工具。主要拟开展以下几个方面的工作：

① 目前有几种方法用来检测缺氧条件下细胞内的 pH（pH_i），例如，（核）磁共振成像（MRI）、荧光技术等，而定量研究细胞内不同程度缺氧，pH_i 的工作很少。我们拟选用对硝基苯硫酚（4-NTP）为底物，通过 Au-S 键将 4-NTP 修饰在 AuNRs 表面构建缺氧激活的 SERS 纳米探针来实现不同程度缺氧肺癌细胞内 pH 的检测。

② 拟合成设计缺氧响应的胶束（MCM@TATp）内部包裹线粒体自噬指示剂（Mito-rHP）希望实现针对缺氧诱导线粒体自噬进行特异性成像，并通过荧光强度来评价线粒体自噬程度。

③ 拟设计缺氧和线粒体自噬双激活的小分子荧光探针来实现缺氧条件下线粒体自噬的成像监测。

④ 拟结合稳定的 SERS 报告标签和双链特异性核酸酶（DSN），设计新型的 SERS 信号放大分析策略，有望实现缺氧肿瘤细胞外泌体中 miRNA-21 的含量分析。

⑤ 拟通过量子点（QDSA）表面修饰端粒酶引物序列（TP）和 Cy5 标记的信号转换序列（SS），设计新型放大荧光共振能量转移（FRET）纳米探针，有望实现高灵敏检测细胞内部端粒酶活性。

⑥ 拟通过端粒酶逆转录酶（hTERT）抑制剂类似物（BIBRA）偶联到荧光团尼罗蓝（NB）上合成近红外荧光探针（NB-BIBRA），用于活细胞和体内 hTERT 检测和成像，有望实现早期癌症诊断和癌症相关药物筛选。

第 2 章 激活式 SERS 纳米探针用于检测缺氧诱导肺癌细胞酸化

2.1 引 言

细胞内 pH（pH_i）是一个非常重要的生理参数，参与细胞的很多活动，如细胞周期、内吞、细胞凋亡、多药耐药性、离子运输以及肌肉收缩等[166,167]。异常的 pH_i 会影响细胞内在化途径甚至引起神经系统的病变[168,169]。肺癌细胞缺氧时，糖酵解产生大量的乳酸，而过多的乳酸又会抑制糖酵解[170]。检测缺氧条件下肺癌细胞 pH_i 的变化具有生物医学意义。目前关于缺氧肺癌细胞的研究主要是依靠细胞内高表达的硝基还原酶（nitroreductase，NTR）、偶氮还原酶进行缺氧成像[171,172]，而定量研究肺癌细胞不同程度的缺氧与 pH_i 之间关系的报道很少。现有几种方法用来检测缺氧条件下的 pH_i，如磁共振成像（MRI）、荧光技术等[173-175]。Jongsma 等利用 ^{31}P 磁共振来监测绵羊胎儿脑部 O_2 受损能量代谢和酸-碱平衡[176]。Hori 等通过在罗丹明衍生物上修饰硝基卞氯制备荧光探针（SNARF）来检测缺氧肿瘤 pH_i[177,178]。另外，发光纳米材料也可用来检测 pH_i。例如 Ma 等报道了基于碳纳米量子点的比率 pH 传感器用于检测 pH_i[179]；He 等报道了 pH 响应范围宽以及抗光漂白的荧光 Si 纳米颗粒用于检测 pH_i[180]。若将发光纳米材料直接应用于生物体中，将会受到生物体内源性物质的干扰，造成低的信背比。

与其他方法相比，表面增强拉曼散射（surface enhanced Raman scattering，SERS）光谱在检测分析物时具有以下优势：（1）超高的灵敏度甚至达到单分子水平；（2）发射光谱窄可用于多通道检测；（3）不受周围环境因素的影响，如 O_2 浓度、温度、湿度等；（4）获取样品丰富的化学指纹信息[181,182]。目前 SERS 方法被广泛地用来研究细胞中的无机物，如 CO、H_2S、NO 等[183-186]。然而使用 SERS 定量检测缺氧诱导肺癌细胞内 pH 的变化还没有报道。

本章中，基于 NTR 还原硝基苯化合物生成氨基苯，进而检测不同程度缺氧条件下肺癌细胞内 pH。根据之前的报道，NTR 的表达量与缺氧程度相关[187]，并且在辅酶 NADH 提供电子的作用下能够还原硝基苯化合物生成氨基苯化合物[188]。因此将对硝基苯硫酚（4-NTP）通过 Au-S 键修饰在具有增强拉曼散射的金纳米棒（AuNRs）表面，构建了缺氧激活的 SERS 纳米探针。在缺氧的肺癌细胞内，修饰在 SERS 纳米探针上的硝基苯被 NTR 还原生成 pH 敏感的氨基苯。通过 SERS 光谱可以获得这一系列的变化以及定量检测缺氧条件下肺癌细胞内 pH 的变化[189]。

2.2 实验部分

2.2.1 试剂和仪器

主要试剂见表 2-1，所用试剂均未做进一步纯化，实验用水为过滤除菌高纯水（18.2 Millipore Co., Ltd., USA）。主要仪器见表 2-2。

第 2 章 激活式 SERS 纳米探针用于检测缺氧诱导肺癌细胞酸化

表 2–1 化学试剂和生物材料

名称	规格型号	公司与产地
尼日利亚菌素	分析纯	Sigma-Aldrich
塞唑蓝（MTT）	分析纯	Alfa Aesar
硝酸银（AgNO$_3$）	分析纯	国药集团化学试剂有限公司国药集团化学试剂有限公司
硼氢化钠（NaBH$_4$）	分析纯	
硝基还原酶（NTR）	分析纯	Sigma-Aldrich
细胞渗透肽（CPPs）	分析纯	上海强耀生物有限公司
对硝基苯硫酚（4-NTP）	分析纯	天津希恩斯生化有限公司
对氨基苯硫酚（4-ATP）	分析纯	天津希恩斯生化有限公司
2-脱氧-D-葡萄糖（2-DG）	分析纯	国药集团化学试剂有限公司
四水合氯金酸（HAuCl$_4$·4H$_2$O）	分析纯	国药集团化学试剂有限公司
十六烷基三甲基溴化铵（CTAB）	分析纯	国药集团化学试剂有限公司
烟酰胺腺嘌呤二核苷酸二钠盐（NADH）	分析纯	Sigma-Aldrich

人体肺癌细胞（A549 细胞）和小鼠肺癌组织切片来自湖南大学生物学院，CPPs 序列为 CAAAAAAK（ME）$_3$。

表 2–2 实验仪器

仪器名称	型号	公司与产地
多模式酶标仪	Synergy™2	Kyoto 日本
高效液相色谱	Shimadzu LC-20A	Kyoto 日本
紫外-可见分光光度计	Hitachi U-4100	Malvern 英国
高分辨透射电子显微镜	JEM-100CXⅡ	BiotekELX800
纳米粒度及 Zeta 电位仪	Nano-ZS	Shimadzu 日本
激光共聚焦倒置拉曼显微镜	Invia-reflex	Horiba Jobin Yvon 法国

2.2.2 AuNRs 的制备

称取 1.5 g CTAB 溶于 20.0 mL 超纯水中，加入 40 mL 0.5 mmol/L 的 HAuCl$_4$ 溶液，充分搅拌下迅速加入 480 μL 10.0 mmol/L 冰浴 NaBH$_4$ 溶液，37 ℃反应 10 min 至溶液颜色变为褐色停止搅拌，置于常温下陈化

3 h，作为金种备用。

称取 1.8 g CTAB 溶于 24.0 mL 超纯水中，充分搅拌下加入 24 mL 1.0 mmol/L $HAuCl_4$，480 μL 4 mmol/L $AgNO_3$，336 μL 80 mmol/L 抗坏血酸（AA）用于制备生长液。随后缓慢滴加上述制备的金种 57.6 μL，室温下搅拌 30 min，溶液颜色由黄色变为无色最后逐渐变为棕红色时停止搅拌，静置过夜备用[190]。

2.2.3　AuNR@4-NTP 的制备

取上述新制备的 10 mL AuNRs，8 000 r/min 离心 5 min，弃除上清沉淀重新分散于 5 mL 超纯水中得到浓缩的 AuNRs。随后缓慢加入 100 μL 5 mmol/L 4-NTP，室温下与 AuNRs 混合反应 3 h 后离心，超纯水洗涤一次，得到 AuNR@4-NTP。

2.2.4　AuNR@4-NTP@CPPs 的制备

100 μL 2.5 mmol/L CPPs 溶液加入 5 mL AuNR@4-NTP 溶液中，室温震荡过夜。8 000 r/min 离心 3 min，弃上清后重新分散于超纯水中，获得 AuNR@4-NTP@CPPs。

2.2.5　SERS 纳米探针在溶液相中的反应

用超纯水溶解 NTR 粉末并保存在 −20 ℃备用。AuNR@4-NTP@CPPs 与不同浓度的 NTR 以及辅酶 NADH 在 37 ℃水浴条件下共孵育 60 min。部分反应液取出后用于 SERS 信号检测。激光波长为 633 nm，功率为 17 mW，曝光时间为 3 s。

2.2.6 细胞培养和细胞毒性实验

将复苏好的 A549 细胞加入含 10%胎牛血清（FBS）和 1%盘尼西林/链霉素的 DMEM 培养基并在 37 ℃、5%CO_2 的恒温箱中培养。取生长对数期的 A549 细胞，倒掉培基，用 PBS 清洗细胞两次，随后加入消化液在 37 ℃培养箱中孵育 1 min 左右，待细胞脱落时，加入新鲜的 DMEM 培基停止消化，吹打使细胞分散。96 孔细胞培养板中加入 100 μL 5×10^4 mL^{-1} 的细胞悬液，于恒温培养箱中培养 24 h 使细胞贴壁。更换培养基，接着分别加入不同量的 AuNR@4-NTP 和 AuNR@4-NTP@CPPs 纳米探针孵育 3 h。然后弃去上清并加入新鲜培基继续培养 24 h。随后，进行 MTT 检测，即向各孔中分别加入 60 μL 7 mg/mL 的 MTT 反应 2 h 后弃除培基，每孔加入 150 μL DMSO，低速震荡 5 min。用酶标仪测定其在 490 nm 处的吸光值。将空白对照的结果设定为 100%，通过下面的公式计算各孔的细胞存活率。

细胞存活率 = $[OD_{490(样品)} - OD_{490(空白)}]/[OD_{490(参照)} - OD_{490(空白)}]$

2.2.7 暗场显微镜成像

取生长对数期的 A549 细胞，以 5×10^4 mL^{-1} 的细胞悬液接种在盖玻片上，于 37 ℃、5%CO_2 恒温培养箱中培养 24 h 使细胞贴壁。然后分别加入 0.5 nmol/L AuNR@4-NTP 和 AuNR@4-NTP@CPPs，孵育 3 h 后用 PBS 清洗盖玻片上的 A549 细胞三次。然后使用戊二醛进行固定，而后转移到载玻片上用于暗场显微镜成像。

2.2.8 细胞内 pH 的标定

将生长良好的细胞弃去培基后，用 PBS 清洗三次并加入含有 0.5 nmol/L

纳米探针 AuNR@4-NTP@CPPs 的培基，分别在常氧（20%O_2）和不同含氧量（15、10、5、1%O_2，通过调节 O_2 和 N_2 气流量来控制不同含氧量）的条件下孵育 3 h。然后用 PBS 清洗细胞三次，接着分别加入不同 pH 的 HEPES 缓冲溶液（含有 10 μmol/L 尼日利亚菌素、30 mmol/L NaCl、120 mmol/L KCl、0.5 mmol/L $CaCl_2$、0.5 mmol/L $MgCl_2$、5 mmol/L 葡萄糖和 20 mmol/L HEPES；pH 分别为 4.5、5.5、6.0、6.5、7.5）孵育 15 min 之后，于激光共聚焦倒置拉曼光谱仪下成像。激光波长为 633 nm，功率为 17 mW，曝光时间为 3 s。

2.2.9 细胞内 SERS 比率成像

将生长良好的细胞弃去培基后，用 PBS 清洗三次并加入含有 0.5 nmol/L 纳米探针 AuNR@4-NTP@CPPs 的培基，分别在常氧（20%O_2）和不同含氧量（15、10、5、1%O_2，通过调节 O_2 和 N_2 气流量来控制不同含氧量）的条件下孵育 3 h。然后用 PBS 清洗细胞三次，于激光共聚焦倒置显微拉曼光谱仪下成像。对于糖酵解验证实验，A549 细胞与 0.5 nmol/L 纳米探针 AuNR@4-NTP@CPPs 在缺氧条件下孵育 3 h。随后加入 10 mmol/L 葡萄糖和 5 mmol/L 2-DG 孵育 30 min，使用 PBS 缓冲溶液清洗三次用于 SERS 成像。激光波长为 633 nm，功率为 17 mW，曝光时间为 3 s。

2.2.10 肺癌组织 SERS 比率成像

冷冻组织切片来自于荷瘤小鼠的肺部。组织切片与 AuNR@4-NTP@CPPs（0.5 nmol/L）分别在常氧（20%O_2）和缺氧（1%O_2）条件下孵育 3 h，然后使用 pH 7.5 的尼日利亚菌素缓冲溶液处理组织切片 15 min。对照试验，组织切片与 AuNR@4-NTP@CPPs（0.5 nmol/L）在缺氧（1%O_2）条件下孵育 3 h，分别使用 10 mmol/L 葡萄糖和 5 mmol/L 2-脱氧-D-葡萄糖（2-DG）

孵育 30 min，最后用 PBS 冲洗三次进行 SERS 成像。激光波长为 633 nm，功率为 17 mW，曝光时间为 3 s。

2.3 结果与讨论

2.3.1 实验设计原理

根据文献报道，细胞在缺氧的情况下会表达硝基还原酶（NTR），而 NTR 在辅酶 NADH 的作用下能够还原硝基芳香化合物最终生成氨基芳香化合物（图 2-1）。在该还原反应中，硝基芳香化合物先得到一个电子形成硝基自由基（RNO_2^-），这一步反应是取决于 O_2 分子的生物还原，若有 O_2 存在时发生可逆反应重新生成硝基化合物。若在缺氧条件下，则继续发生一系列的还原反应，最后生成氨基化合物。基于 NTR 还原硝基芳香化合物的反应，因此我们选择 4-NTP 作为反应底物。金纳米棒（AuNRs）具有两个等离子共振带，在激光的照射下，AuNRs 中的自由电子与光波电场发生共振耦合，从而产生高密度的电磁场，极大地增强周围分子的拉曼散射。因此将 4-NTP 修饰在 AuNRs 表面制备可激活的 SERS 纳米探针（AuNR@4-NTP）。在缺氧条件下（图 2-2），NTR 将 AuNR@4-NTP 上的硝基逐渐还原为氨基，即金纳米棒@对巯基氨基苯（AuNR@4-ATP）。值得注意的是：4-ATP 在酸性环境中发生质子化生成 NH_3^+ 基团，并且 NH_3^+ 基团的拉曼峰与 pH 之间具有很好线性关系。通过 SERS 光谱可以获得这一系列的变化以及进行定量分析。

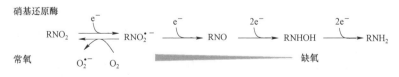

图 2-1　硝基化合物还原反应的机制示意图

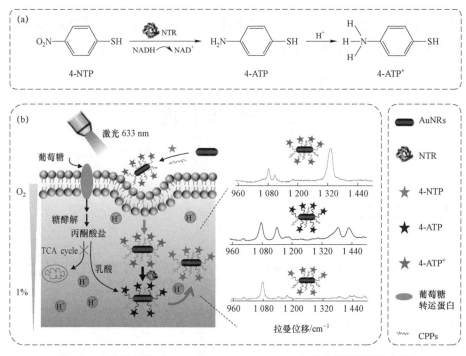

图 2-2 在缺氧条件下 NTR 将 AuNR@4-NTP 上的硝基逐渐还原为氨基
（a）硝基还原酶（NTR）和辅酶 NADH 催化 4-NTP 转化为 4-ATP 的示意图；(b) 基于 AuNR@4-NTP@CPPs 的 SERS 纳米探针检测缺氧诱导肺癌细胞酸化的示意图

2.3.2 实验可行性的考察

实验设计的机理是基于 NTR 和辅酶 NADH 还原 4-NTP 转变为 4-ATP。在构建纳米探针之前，首先我们用高效液相色谱（HPLC）和核磁共振光谱（NMR）来表征反应的发生。如图 2-3 所示，标样 4-ATP、NADH 和 4-NTP 的保留时间分别为 4.15、6.53 和 10.28 min。当在辅酶 NADH 作用下，4-NTP 与 NTR 发生反应后，4.15 min 出现一个新的峰，与之前标样 4-ATP 的保留时间完全吻合，而 4-NTP 的峰值减弱，表明 NTR 和辅酶 NADH 还原 4-NTP 生成 4-ATP。若 4-NTP 与失活的 NTR 和 NADH 混合，则 4-NTP 和 NADH 的峰值没有明显的变化。另外，^{1}HNMR 也表明 NTR 和 NADH 能够还原 4-NTP 转化为 4-ATP（附录 A）。

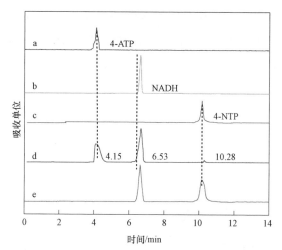

图 2-3 高效液相色谱分析不同条件下物质的保留时间
（a）4-ATP（100 μmol/L）；（b）NADH（100 μmol/L）；（c）4-NTP（100 μmol/L）；
（d）NTR 和 NADH 催化 4-NTP 的反应产物；（e）失活的 NTR 和 NADH 还原 4-NTP

2.3.3 AuNR@4-NTP 纳米探针的构建

鉴于 NTR 和辅酶 NADH 能够还原 4-NTP 生成 4-ATP，因此我们将 4-NTP 修饰在 AuNRs 表面，得到了缺氧激活的 SERS 纳米探针（AuNR@4-NTP）。首先采用金种合成的方法，制备长径比约为 3 的 AuNRs。离心去除 AuNRs 表面的部分活性剂 CTAB，然后与 4-NTP 共孵育，通过 Au-S 键共价形成 AuNR@4-NTP。相应的 TEM 表明 AuNRs 在修饰 4-NTP 之后，形貌没有变化 [图 2-4（a）]。吸收光谱表明 AuNRs 具有两个明显的表面等离子共振（surface plasomon resonance，SPR）吸收峰：662 nm 处为纵向等离子体共振（longitudinal SPR，LSPR）吸收峰；520 nm 处为横向等离子体共振（transverse SPR，TSPR）吸收峰 [图 2-4（b）]。LSPR 对周围介质的介电常数很敏感，当 4-NTP 分子通过 Au-S 键共价连接在 AuNRs 上，AuNRs 表面的 CTAB 被 4-NTP 取代，引起 LSPR 蓝移到 658 nm。纳米探针 AuNR@4-NTP 电位表征如图 2-4（c）所示，AuNRs 经过离心与修饰 4-NTP 之后，它表面的 ζ 电势从 29.8 mV±1.3 mV 变为 8.2 mV±3.5 mV。这一变化是由于 AuNRs 表面存在大量的正电荷 CTAB 在 4-NTP 修饰过程中被取代所引起。CTAB 具有很高的生物毒性,其大量减少可改善 AuNRs 的毒性。图 2-4(d)考察了 AuNRs 对 4-NTP 拉曼增强效果,当只含有 4-NTP 时,没有拉曼信号。若将 4-NTP 修饰在 AuNRs 表面,则产生明显的 SERS 信号。以上数据表明 AuNR@4-NTP 纳米探针的成功制备以及 AuNRs 可作为报告分子 4-NTP 的拉曼散射增强基底。

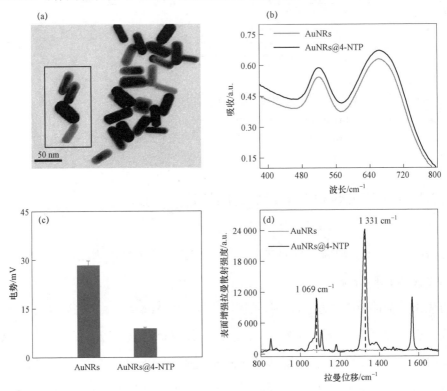

图 2-4　AuNR@4-NTP 纳米探针的表征

(a) AuNR@4-NTP 的 TEM 图(内插:AuNRs 的 TEM 图);(b) AuNRs 和 AuNR@4-NTP 的吸收光谱;(c) AuNRs 和 AuNR@4-NTP 的 Zeta 电位图;(d) 4-NTP 和 AuNR@4-NTP 的 SERS 光谱图

2.3.4　SERS 纳米探针对 NTR 的响应分析

接下来考察 AuNR@4-NTP 在溶液相与 NTR 反应后 SERS 光谱图的变

化。由于 AuNPs 在溶液相中受外界影响容易发生团聚导致结果重复性差[191]。因此，在 AuNR@4-NTP 的表面修饰一段带正电荷的细胞渗透肽（cell-penetrating peptides，CPPs）能够增加 AuNRs 空间位阻和排斥力，有效地提高了 SERS 信号的稳定性和重现性[192,193]。AuNR@4-NTP@CPPs 的 SERS 特征峰为 1 069 cm^{-1} 和 1 331 cm^{-1}，分别为 4-NTP 修饰在 AuNRs 上的 C-S 伸缩和 O-N-O 振动所产生拉曼峰（表 2-3）[194]。AuNR@4-NTP@CPPs 与 NTR、NADH 缺氧反应之后，SERS 光谱发生了很大的变化。1 331 cm^{-1} 处的 O-N-O 伸缩峰降低，相应的 4-ATP 的特征峰 1 380 和 1 438 cm^{-1}（N＝N 伸缩峰）出现。这一变化表明，NTR 能够还原修饰在 AuNPs 上的 4-NTP 中的硝基为氨基［图 2-5（A）］。由于 NTR 表达量与实体瘤中缺氧程度相关，我们进一步研究 AuNR@4-NTP@CPPs 与不同浓度 NTR 反应后的 SERS 光谱图的变化。如图 2-4（B）所示，随着 NTR 浓度的增加（从 a 到 f：NTR 的浓度分别为 0，2.0，4.0，6.0，8.0，10.0 μg/mL，pH 7.4），1 331 cm^{-1} 处 O-N-O 键的拉曼峰强度明显减弱，1 438 cm^{-1} 处 N＝N 基团的拉曼峰强度增加，而 1 069 cm^{-1} 处 C-S 键的拉曼峰强度反应前后没有明显的变化。因此选择 1 438 cm^{-1}（或者 1 331 cm^{-1}）与 1 069 cm^{-1} 处的拉曼峰比值来推测 NTR 的浓度。如图 2-5（C）所示，$I_{1\,438}/I_{1\,069}$（$I_{1\,331}/I_{1\,069}$）与 NTR 浓度存在线性关系，范围是 0.5～9.6 μg/mL，检出限为 0.3 μg/mL（$I_{1\,438}/I_{1\,069}$）和 0.4 μg/mL（$I_{1\,331}/I_{1\,069}$）。

表 2-3　4-NTP@AuNRs 与 4-ATP@AuNRs 的拉曼光谱峰对应的振动模式

4-NTP			4-ATP		
理论/cm^{-1}	实验/cm^{-1}	模式	理论/cm^{-1}	实验/cm^{-1}	模式
1 360 s	1 331 s	O-N-O 伸缩	1 080 s	1 069 m	C-S 伸缩
1 108 s	1 098 w	O-N-O 伸缩	1 606 s	1 594 m	苯环
1 572 s	1 576 m	苯环	1 440 s	1 438 s	N＝N 伸缩
1 080 s	1 072 m	C-S 伸缩	1 385 s	1 380 s	N＝N 伸缩

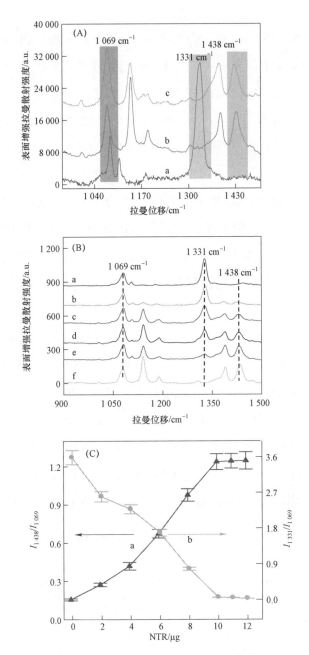

图 2-5 SERS 纳米探针对 NTR 的响应

（A）AuNR@4-NTP@CPPs（a），AuNR@4-ATP@CPPs（b），AuNR@4-NTP@CPPs（c）分别加入 10 μg/mL NTR 与 500 μmol/L NADH 在 37 ℃下反应 60 min 之后的 SERS 光谱图；（B）AuNR@4-NTP@CPPs 与不同浓度的 NTR 反应之后的 SERS 光谱图；（C）$I_{1\,438}/I_{1\,069}$（a）和 $I_{1\,331}/I_{1\,069}$（b）与 NTR 浓度之间的关系

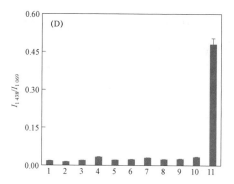

图 2-5　SERS 纳米探针对 NTR 的响应（续）
（D）不同干扰物质对纳米探针 SERS 强度的影响

2.3.5　SERS 纳米探针选择性的考察

我们选取了不同的干扰物质，例如，盐离子、氨基酸、维生素 C、H_2O_2 以及葡萄糖等来考察纳米探针 AuNR@4-NTP@CPPs 的选择性。如图 2-5（d）所示，1-11 分别为空白；NaCl（10 mmol/L）；KCl（10 mmol/L）；$CaCl_2$（10 mmol/L）；$MgCl_2$（10 mmol/L）；甘氨酸（10 mmol/L）；葡萄糖（10 mmol/L）；精氨酸（10 mmol/L）；H_2O_2（1 mmol/L）；维生素 C（1 mmol/L）；NTR（5 μg/mL）。结果表明，仅 NTR 会引起 AuNR@4-NTP@CPPs 纳米探针 SERS 强度的变化。

2.3.6　SERS 纳米探针对 pH 的响应分析

还原产物 4-ATP 在 pH 不同的缓冲溶液中，氨基基团具有两种构型。在中性或碱性条件下，为 N=N 形式。随着 pH 的降低，N=N 形式进一步质子化生成 NH_3^+ 形式[195]。基于这一独特的性质，我们考察了纳米探针 AuNR@4-ATP@CPPs 在不同 pH 缓冲溶液中 SERS 光谱的变化。我们发现 4-ATP 的拉曼峰强度比值（I_{1438}/I_{1069}）与 pH 值之间存在线性关系，如图 2-6（a）（b）所示，这主要是由于 NH_2 基团发生质子化生成的 NH_3^+ 的拉曼峰值与 pH 存在线性关系。4-NTP 的 C—S 键和 O—N—O 对 pH 的变化不敏感，因此 AuNR@4-NTP@CPPs 纳米探针中 SERS 光谱不会随着 pH 的变化而变化，如图 2-6（c）、（d）所示。

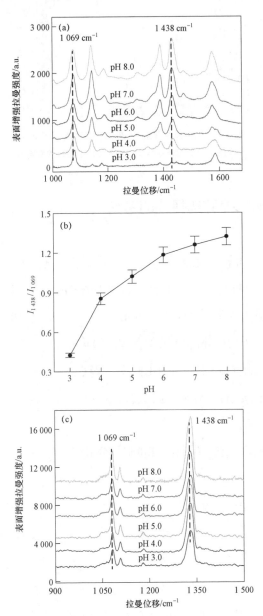

图 2-6　SERS 纳米探针对 pH 的响应

（a）AuNR@4-ATP@CPPs 在不同 pH 缓冲溶液中的 SERS 光谱图；（b）AuNR@4-ATP@CPPs 纳米探针拉曼峰强度比值（$I_{1\,438}/I_{1\,069}$）与 pH 值之间的关系；

（c）AuNR@4-NTP@CPPs 在不同 pH 缓冲溶液中的 SERS 光谱图

第 2 章 激活式 SERS 纳米探针用于检测缺氧诱导肺癌细胞酸化

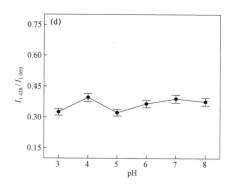

图 2-6 SERS 纳米探针对 pH 的响应（续）
（d）AuNR@4-NTP@CPPs 纳米探针拉曼峰强度比值（$I_{1\,438}/I_{1\,069}$）与 pH 值之间的关系

为了研究构建的探针在缺氧条件下可以检测 pH，AuNR@4-NTP@CPPs 纳米探针与 7 μg/mL NTR 反应后，再与不同 pH 的缓冲溶液作用。当 NTR 与 AuNR@4-NTP@CPPs 纳米探针发生还原反应，改变 PBS 缓冲溶液的 pH 之后，SERS 光谱发生很大的变化，如图 2-7（a）所示。图 2-7（b）表明 $I_{1\,438}/I_{1\,069}$ 随着 pH 的增加而增大并且具有非常好的响应。基于这一事实推测我们构建的 SERS 纳米探针能够潜在地用于缺氧条件下检测 pH。

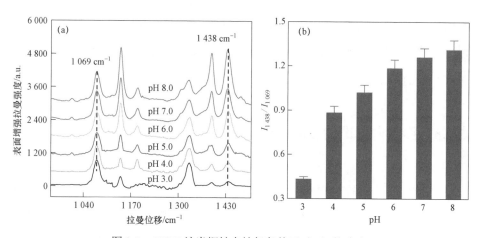

图 2-7 SERS 纳米探针在缺氧条件下对 pH 的响应
（a）AuNR@4-NTP@CPPs（0.5 nmol/L）与 NTR（7 μg/mL）反应后，改变溶液的 pH 测得的 SERS 光谱图；（b）在（a）的条件下测得的 $I_{1\,438}/I_{1\,069}$ 与 pH 之间的关系，反应条件：500 μmol/L NADH 在 37 ℃下反应 60 min

2.3.7　SERS 纳米探针毒性及运载效率的考察

考察了 AuNR@4-NTP@CPPs 纳米探针在发生还原反应之后且对 pH 具有很好的响应，接下来我们研究该纳米探针在肺癌细胞和组织中的应用。根据之前的报道，CPPs 以主动运输的方式将纳米颗粒输送到细胞质内，可避免纳米颗粒进入核内体或溶酶体，这主要是由于 CPPs 带正电荷，当 AuNR@4-NTP@CPPs 与细胞膜作用的时候，细胞膜产生一个纳米尺度的孔洞，AuNR@4-NTP@CPPs 在跨膜电势的作用下进入细胞质中[196,197]。在应用于细胞研究之前，首先使用经典的 MTT 实验来验证 AuNR@4-NTP@CPPs 纳米探针的细胞毒性。图 2-8 表明随着 AuNR@4-NTP 的浓度增加（从 0.1～1.0 nmol/L），细胞的存活率明显降低，而经过多肽修饰的纳米探针 AuNR@4-NTP@CPPs 对细胞的存活率影响较小。结果表明多肽 CPPs 有提高纳米探针 AuNR@4-NTP@CPPs 生物相容性的作用。采用暗场显微镜（DFM）成像来考察细胞摄取纳米探针的能力[198]。结果表明 AuNR@4-NTP@CPPs 纳米探针可以很快进入细胞，如图 2-8（b_1）所示，而 AuNR@4-NTP 仅有很少的进入细胞内，如图 2-8（b_2）所示。这些数据表明 AuNR@4-NTP@CPPs 在 CPPs 的帮助下提高了探针的生物相容性以及有效地进入细胞。

2.3.8　细胞内标准曲线的构建

A549 细胞与 0.5 nmol/L AuNR@4-NTP@CPPs 纳米探针分别在 20%O_2 和 1%O_2 条件下孵育 3 h，然后用 PBS 缓冲溶液冲洗三次后置于含有尼日利亚菌素 pH 7.5 的缓冲溶液处理 15 min，最后进行 SERS 成像来考察 SERS 纳米探针在细胞中的变化。根据文献报道，尼日利亚菌素是一个多环醚羧酸化合物，常作为 K^+ 载体，可促进生物膜 H^+/K^+ 的交换，从而使得细胞内 H^+ 浓度与细胞外缓冲溶液的 H^+ 浓度相近。如图 2-9（a）所示，A549 细胞在缺氧

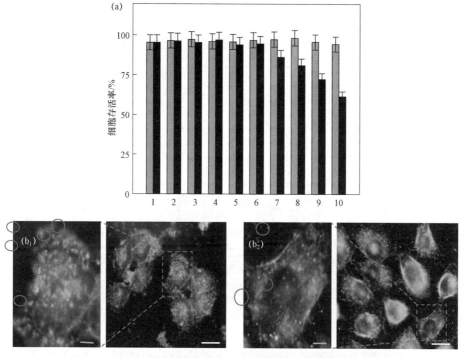

图 2-8 考察 SERS 纳米探针毒性及运载效率

（a）A549 细胞与 AuNR@4-NTP（黑色）和 AuNR@4-NTP@CPPs（灰色）孵育之后的细胞存活率，1～10 分别代表 AuNR@4-NTP 和 AuNR@4-NTP@CPPs 的浓度为 0.1～1.0 nmol/L；

（b_1）A549 细胞与 AuNR@4-NTP@CPP 孵育 3 h 后的暗场显微镜（DFM）成像图；

（b_2）A549 细胞与 AuNR@4-NTP 孵育 3 h 后的暗场显微镜（DFM）成像图

的条件下，SERS 纳米探针表面的 4-NTP 发生还原反应，1 438 cm^{-1} 处产生明显的拉曼信号，采用拉曼峰强度比值（$I_{1\,438}/I_{1\,069}$）进行 SERS 比率成像具有明显的信号。常氧条件下细胞内 NTR 的表达量很少，SERS 纳米探针表面的 4-NTP 没有发生还原反应，1 438 cm^{-1} 处没有明显的拉曼信号，SERS 比率成像较弱。考虑到细胞内环境与缓冲溶液之间存在的差异，若将此纳米探针应用到细胞传感层面，我们需要绘制一个细胞含氧量与 pH$_i$ 之间的标准曲线。A549 细胞与纳米探针 AuNR@4-NTP@CPPs 在含氧量为 1% 的条件下共孵育 3 h，然后分别用含有尼日利亚菌素 pH 4.5～7.5 的缓冲溶液处理后进行 SERS 成像。结果表明 1 438 cm^{-1} 处的拉曼峰强度随着 pH 的增加而增强，而 1 069 cm^{-1} 没有发生明显的变化 [图 2-9（b）]。同时，改变细胞内的 O_2 浓度，使其分别为 5，10，15%比率成像具有相似的结果。当 O_2 浓度为 20%，比率成像强度的变化趋势与 pH 值之间没有关系。根据比率绘制图像彩色条，在比率成像图中选择拉曼峰强度从强到弱的拉曼光谱图，并将相应的位置标为 1、2、3（图 2-10）。图 2-11 为相应位置对应的拉曼光谱图（仅列出不同含氧量条件下 pH 4.5 的 SERS 光谱图）。

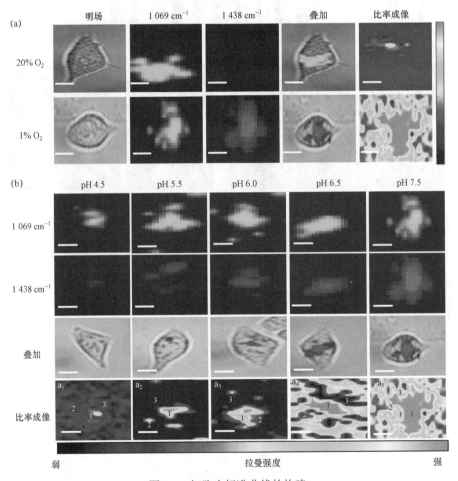

图 2-9　细胞内标准曲线的构建

(a) A549 细胞与 AuNR@4-NTP@CPPs 分别在常氧（20%O_2）和缺氧（1%O_2）条件下的 SERS 比率成像图；(b) A549 细胞在缺氧（1%O_2）且不同 pH 的缓冲溶液中的 SERS 比率成像图

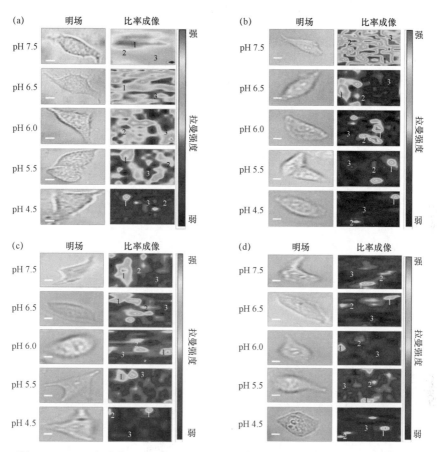

图 2-10 A549 细胞与 AuNR@4-NTP@CPPs 在不同含氧量的条件下孵育 3 h，然后置于不同 pH 的缓冲溶液后的 SERS 比率成像图
(a) 5%O_2；(b) 10%O_2；(c) 15%O_2；(d) 20%O_2；标尺为：5 μm

根据相应的拉曼光谱图，细胞在不同含氧量的情况下，拉曼峰强度的比值 $I_{1\,438}/I_{1\,069}$ 与 pH_i 之间的关系分析总结如图 2-12 所示。拉曼峰强度比值 $I_{1\,438}/I_{1\,069}$ 表明在不同含氧量的情况下，AuNR@4-NTP@CPPs 可用于测量 pH_i。另外，基于比率峰强度和 pH_i 之间的标准曲线可用于推测细胞缺氧程度和 pH_i 值之间的关系。

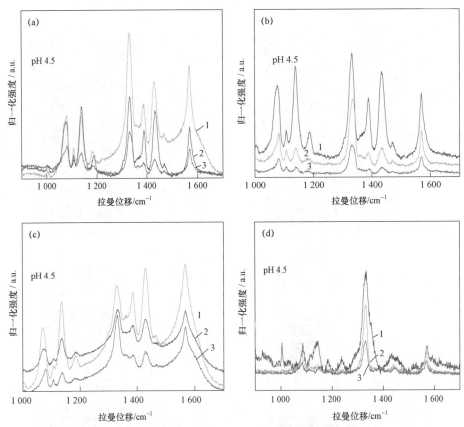

图 2-11　不同含氧量的情况下，尼日利亚菌素处理的细胞中
具有代表性的 SERS 光谱图
（a）1%O_2；（b）5%O_2；（c）10%O_2；（d）15%O_2

2.3.9　pH_i 与含氧量之间关系

为了研究 A549 细胞在缺氧情况下 pH_i 的动态变化，我们使用 AuNR@4-NTP@CPPs 纳米探针与 A549 细胞共孵育，调节 O_2 浓度从轻微缺氧到极度缺氧然后再增加 O_2 浓度到 15%，随着 O_2 浓度的减少，1 438 cm^{-1} 拉曼峰强度增强，而 1 069 cm^{-1} 拉曼峰强度没有什么变化；同时相应的 pH_i

也发生变化。根据比率绘制图像彩色条，在比率成像图中选择拉曼峰强度从强到弱的拉曼光谱图，并将相应的位置标为1、2、3 [图2-13（a）]，图2-13（b）为相应的拉曼光谱图。计算三个位置的拉曼光谱峰强度比值 I_{1438}/I_{1069}，然后通过标准曲线得知 pH_i，总结归纳细胞含氧量与 pH_i 之间的关系如图2-14（a）。从图中可以看出，pH_i 从7.1降低到6.5然后再回到7.1。含氧量与 pH_i 之间存在定量关系为：$pH_i = 6.46 + 0.04\ [O_2]$，$r^2 = 0.98$ [图2-14（a）内插]。

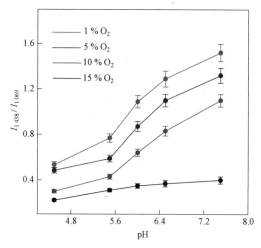

图2-12 A549细胞在不同含氧量（$1\%O_2$、$5\%O_2$、$10\%O_2$、$15\%O_2$）的条件下，I_{1438}/I_{1069} 与pH之间的标准曲线

细胞缺氧条件下，糖酵解活性增强，同时伴随着细胞的酸化[199]，接下来我们进一步研究不同刺激条件下细胞缺氧糖酵解机制。例如，脱氧葡萄糖（2-DG）与细胞在缺氧条件下共孵育，通过拉曼峰强度比值 I_{1438}/I_{1069} 表明 pH_i 的增加，如图2-14（b）所示。这主要是由于2-DG是葡萄糖的一种类似物代谢产生的葡萄糖-6-磷酸盐降低磷酸葡萄糖异构酶的活性，从而抑制糖酵解，而葡萄糖能够促进糖酵解。这些结果表明纳米探针可以成功地用于评估缺氧条件下不同刺激因素引起的 pH_i 波动，并且表明了 pH_i 的波动是由于细胞内糖酵解活性引起的，初步研究了缺氧细胞代谢途径[200]。

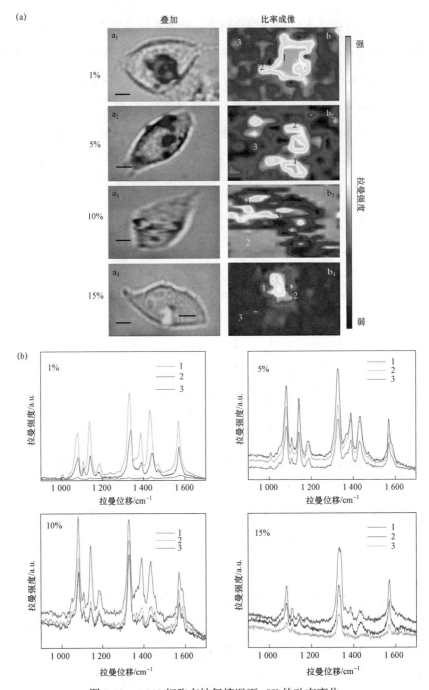

图 2-13　A549 细胞在缺氧情况下 pHi 的动态变化

（a）A549 细胞与 AuNR@4-NTP@CPPs 在不同含氧量的条件下（1%、5%、10%、15%）孵育 3 h 后的 SERS 比率成像；（b）不同含氧量细胞中具有代表性的 SERS 光谱图，标尺为：5 μm

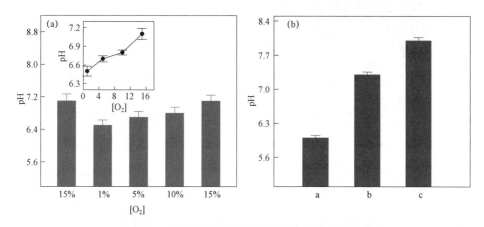

图 2-14 不同刺激条件下细胞缺氧糖酵解机制
(a) 不同含氧量与 pH_i 之间的关系图；(b) $1\%O_2$ 的条件下 A549 细胞与不同的刺激剂①葡萄糖，②对照组；(c) 2-DG 作用之后的 pH_i，误差棒代表三次测量

2.3.10 肺癌组织酸化考察

最后，考察了纳米探针用于检测缺氧肺癌组织 pH 的变化。肺癌组织切片分成两份与 AuNR@4-NTP@CPPs 纳米探针分别在常氧（$20\%O_2$）和缺氧条件（$1\%O_2$）孵育 3 h，之后用 PBS 缓冲溶液清洗三次。然后用 pH 7.5 含有尼日利亚菌素的缓冲溶液处理 15 min。如图 2-15（a）所示，当 O_2 浓度从 20%降低到 1%，拉曼峰强度 1 438 cm^{-1} 增加，而 1 069 cm^{-1} 没有明显的变化 [图 2-15（b）]。$1\%O_2$ 条件下，分别使用 2-DG 和葡萄糖处理肺癌组织切片，通过拉曼峰强度绘制图像表明，2-DG 处理组织后，1 438 cm^{-1} 处的拉曼峰强度轻微地增加，而葡萄糖处理的肺癌组织 1 438 cm^{-1} 处的拉曼峰强度明显增强。另外，Z 轴扫描共聚焦绘制图像表明，该探针的组织穿透深度为 500 μm [图 2-15（c）]。简而言之，实验结果表明，我们设计的 SERS 纳米探针可以在缺氧肿瘤组织中进行 SERS 成像从而来检测 pH。

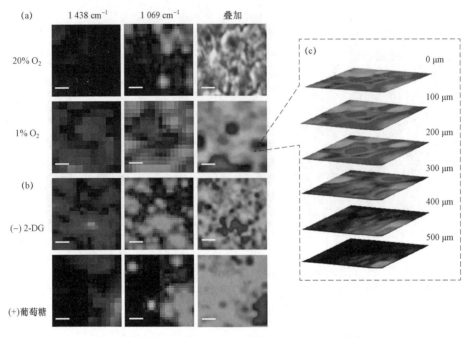

图 2-15　纳米探针用于检测缺氧肺癌组织 pH 的变化

(a) 20%和 1%O_2 条件下尼日利亚菌素处理的组织 SERS 成像；(b) 1%O_2 条件下 2-DG 和葡萄糖处理的组织 SERS 成像；(c) Z 轴深度扫描共聚焦 SERS 成像，标尺：100 μm

2.4　小　结

选用对硝基苯硫酚（4-NTP）为底物，通过 Au-S 键将 4-NTP 修饰到 AuNRs 表面，构建了缺氧激活的 SERS 纳米探针用于定量检测不同程度缺氧的肺癌细胞和组织内 pH 的动态变化。动态 pH_i 分析表明，pH_i 的变化随着细胞 O_2 浓度的变化表现出不规则的减少。另外，设计的探针可以很好的定量检测 2-DG、葡萄糖刺激下肿瘤细胞和组织的 pH_i，同时也证明了缺氧条件下 2-DG 抑制糖酵解，而葡萄糖促进糖酵解。总体而言，希望该探针能够为研究缺氧条件下糖酵解机制提供潜在的研究价值，进一步促进抗肿瘤药物筛选和优化。

第 3 章 基于偶氮还原酶响应的胶束用于缺氧诱导的线粒体自噬成像

3.1 引 言

线粒体通过氧化磷酸化作用产生 ATP 为细胞代谢提供能量，同时也是活性氧物质（reactive oxygen species，ROS）产生的主要场所[201-203]。除此之外，线粒体还参与细胞的许多生理过程，例如细胞信号调控、Ca^{2+}存储、细胞生长、分化、凋亡甚至死亡的调节[204,205]。研究表明，少量的 ROS 可作为信号分子参与细胞的代谢过程，但过多的 ROS 会引起线粒体损伤，如诱发线粒体 DNA 突变、脂质过氧化、线粒体膜通道开放以及释放细胞凋亡因子，最终导致细胞凋亡。因此为了维持细胞的正常生存状态，细胞会及时清除受损的线粒体，这一过程称为线粒体自噬（mitophagy）[206,207]。自噬是清除细胞器的唯一途径，为细胞亚结构水平重构提供物质和能量的保障。线粒体自噬的过程可人为的分成四个阶段：第一，受损伤的线粒体周围形成双层分隔膜；第二，双层膜结构延伸并弯曲，将损伤的线粒体完全包裹起来形成自噬体；第三，自噬体进一步加工成熟；第四，自噬体与溶酶体融合，自噬体被溶酶体中的各种水解酶降解，释放降解产物为细胞修复和重建提供原料。

不同的刺激因素会引发线粒体自噬,例如饥饿、药物刺激、缺铁、缺氧等因素[208-210]。如果机体在生理或病理上遭受剧烈或长期的供氧不足,这将会影响 O_2 在组织中的交换、运输,最终导致细胞内缺氧。由于没有充足的 O_2 充当电子受体,线粒体在氧化磷酸化过程中自由电子脱偶联产生过多的 ROS,造成线粒体损伤进而发生线粒体自噬[211,212]。对缺氧诱导线粒体自噬进行成像,将有助于理解线粒体在生理或病理条件下代谢的过程[213,214]。目前已有电子显微镜和放射性标记蛋白用来研究线粒体自噬[215],然而这些方法因样品制备过程复杂及放射性试剂对人体健康造成危害,限制了他们进一步的应用。最近荧光技术因其灵敏度高、实时观测、操作简便快速,已被广泛地用于生化分析并且渗透到多学科领域之中[216-222],而对缺氧诱导肿瘤细胞线粒体自噬进行特异性荧光成像仍需进一步研究。

鉴于此,设计了一个偶氮苯响应的胶束(Micelle@Mito-rHP@TATp,MCM@TATp)包裹罗丹明衍生物用于缺氧诱导线粒体自噬特异性成像。偶氮苯响应的两亲性聚合物在水溶液中能够自组装形成胶束,同时将合成的罗丹明衍生物(Mito-rHP)包裹进入胶束的核内部构建 MCM。为了避免胶束内吞进入溶酶体,进一步在 MCM 的表面修饰细胞渗透肽(TATp)最终形成 MCM@TATp [图 3-1(a)][223-225]。在缺氧肿瘤细胞内,MCM@TATp 中的偶氮键被偶氮酶还原,导致胶束发生解散释放出包裹的探针 Mito-rHP,该探针具有靶向线粒体能力并且在酸性条件下探针闭环结构开环,荧光得到恢复[226,227],因此,构建的 MCM@TATp 可以特异性地针对缺氧诱导的线粒体自噬进行成像[图 3-1(b)]。作为进一步的应用,MCM@TATp 能够用于光动力学治疗过程中缺氧诱导线粒体自噬进行成像。

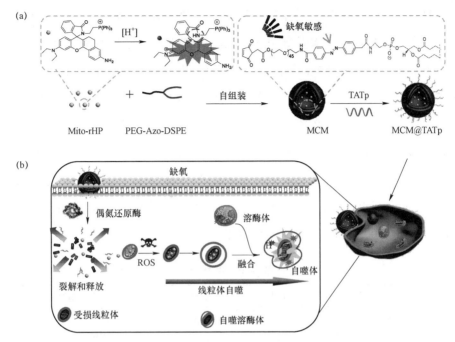

图 3-1　MCM@TATp 的制备过程及特异性地针对缺氧诱导的线粒体自噬进行成像
(a) MCM@TATp 制备过程的示意图；(b) MCM@TATp 进入缺氧细胞被偶氮还原酶还原，导致胶束解散，释放出 Mito-rHP 用于活细胞缺氧条件下线粒体自噬成像

3.2　实验部分

3.2.1　试剂和仪器

所用试剂均未做进一步纯化，实验用水为过滤除菌高纯水（18.2 Millipore Co., Ltd., USA）。主要仪器见表 3-1。

主要药品：2-（4-二乙胺-2-羟基苯甲酰）苯甲酸，6-氨基-3，4-二氢-1（2H）-萘酮，尼罗红（NR），三苯基膦，溴乙胺氢溴酸盐，亚硝酸钠（$NaNO_2$）均购自于 J&K 化学有限公司。N，N'-二环己基碳二亚胺（DCC），二硬脂酰基磷脂乙醇胺（DSPE），马来酰亚胺 PEG 氨基（Mal-PEG$_{2\,000}$-NH$_2$），噻唑蓝溴化四唑（MTT），羰基氰化物苯腙（CCCP），尼日利亚菌素购自于 Sigma-Aldrich 有限公司。磷酸酰胺腺嘌呤二核苷酸（NADPH）购于碧云天生物技术有限公司（上海），肝微粒购于齐氏生物有限技术公司（江苏）。细胞渗透肽（RKKRRQRRRC）合成于科泰生物技术有限公司（上海），溶酶体绿色 Tracker（LTG）、线粒体绿色 Tracker（MTG）购于凯基生物技术有限公司（北京）。部分试剂使用前参照标准法进行纯化和干燥；柱色谱分离采用的是硅胶和 TCL 检测，所用硅胶板采购于青岛海洋化学试剂公司。人类肝癌细胞（HepG2）来自湖南大学生物学院。

表 3-1 实验仪器

仪器名称	规格型号	公司与产地
荧光光谱仪	SPI3800N-SPA400	Seiko Instruments Inc
核磁共振光谱仪	CT15E	Hitachi 日本
紫外-可见分光光度计	Hitachi U-4100	Kyoto 日本
纳米粒度及 Zeta 粒度仪	Nano-ZS	Malvern 英国
高分辨透射电子显微镜	JEOL-1230	日本电子
超高分辨光谱型共聚焦显微镜	TI-E + A1 SI	Nikon 日本

3.2.2 Mito-rHP 的合成与表征

Mito-rHP 的合成路线如图 3-2 所示。化合物 rHP 的合成[228]：称取 320 mg 6-氨基-3，4-二氢-1（2H）-萘酮（3-1）与 620 mg 化合物 2-（4-二乙氨基-2-羟基苯甲酰）苯甲酸（3-2），并将其溶解在 3 mL H$_2$SO$_4$ 中。在氮气流中使上述混合物加热搅拌回流 4 h。然后冷却到室温，将混合物滴加到冰水中，再缓慢滴加 1 mL HClO$_4$。用 CH$_2$Cl$_2$/CH$_3$OH（5:1，v/v）萃取有机相，将其在旋转蒸发仪上进行减压蒸馏除去溶剂。利用硅胶柱层析色谱进行纯化，用 CH$_2$Cl$_2$/CH$_3$OH（10:1，v/v）做淋洗剂。最后得到 680 mg 蓝紫色固体 rHP，产率为 77%。^{1}H NMR（400 MHz，CD$_3$OD，δ）：ppm 8.28（d，1H），8.12

（d，1H），7.79（t，1H），7.72（t，1H），7.34（d，1H），7.10（s，1H），7.04（s，1H），6.77（d，1H），6.56（s，1H），5.36（t，1H），3.64（m，4H），2.86（t，2H），2.59（t，2H），1.2-0.9（m，6H）；^{13}C NMR（100 MHz，CD_3OD，δ）：ppm 168.5，164.3，162.5，160.9，157.5，150.3，135.7，133.5，132.6，122.5，118.5，117.8，116.5，99.48，48.9，32.9，30.9，27.6，16.9，14.9；MS-ESI *m/z*：439.30，谱图见附录 A。

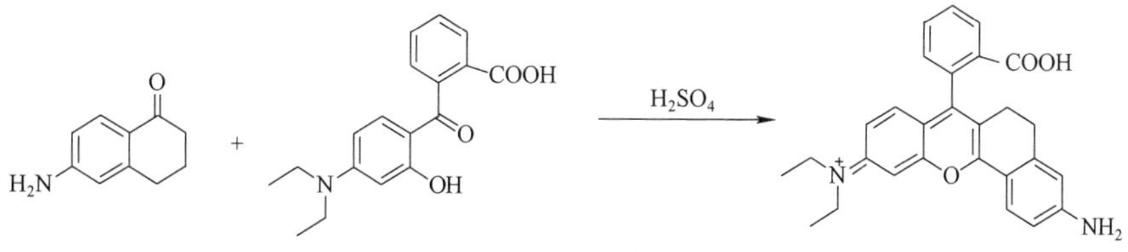

3-1　　3-2　　rHP

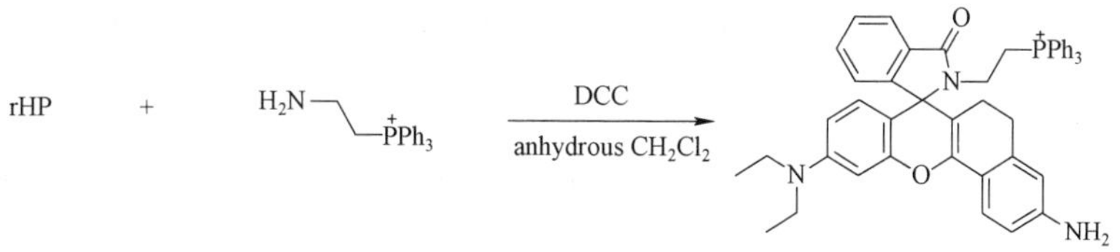

AETP　　Mito-rHP

图 3-2　Mito-rHP 的合成路线

化合物 Mito-rHP 的合成：称取 219 mg 化合物 rHP，153 mg 4-（2-胺乙基）-三苯基膦（AETP，按照之前的文献合成）[229]，103 mg N，N'-二环己基碳二亚胺（DCC），溶解于 20 mL CH_2Cl_2 中。0～4 ℃条件下搅拌 2 h，接着室温搅拌过夜。然后将反应混合物在旋转蒸发仪上进行减压蒸馏去除溶剂，剩余物使用硅胶柱层析色谱进行纯化，用 CH_2Cl_2/CH_3OH（20:1，v/v）做淋洗剂。最后得到 63 mg 蓝色固体 Mito-rHP，产率为 22%。^{1}H NMR（400 MHz，CD_3OD，δ）：ppm 8.2（d，1H），7.98～7.71（m，20H），7.64（t，2H），7.22（t，1H），6.10（d，1H），3.98–3.73（m，4H），3.22～2.91（m，4H），1.78～1.66（m，6H），1.14（m，4H）；^{13}C NMR（100 MHz，CD_3OD，δ）：ppm 152.8，135.1，133.6，132.7，130.4，128.4，118.0，117.2，67.7，

51.3，45.3，44.0，39.5，35.8，32.3，39.5，22.5，13.47，11.4.MS-ESI *m/z*：727.2，谱图见附录 A。

3.2.3 两亲性聚合物的合成与表征

根据文献报道合成化合物 3-3[230]：称取 1 g 马来酰亚胺-PEG$_{2000}$-氨基，134 mg 1-（3-二甲基氨基丙基）-3-乙基碳二亚胺（EDC），80 mg N-羟基琥珀酰亚胺（NHS）以及 540 mg 偶氮苯-4,4-二羧酸溶解在 30 mL 吡啶中，室温搅拌过夜。减压蒸馏去除溶剂，剩余物溶解在 CH$_2$Cl$_2$ 中，用柠檬酸和 NaOH 清洗。将有机层和水相分离，用 Na$_2$SO$_4$ 干燥有机层，然后将反应混合物在旋转蒸发仪上进行减压蒸馏去除溶剂。剩余物使用硅胶柱层析色谱进行纯化，用 CH$_2$Cl$_2$/CH$_3$OH（10:1，v/v）做淋洗剂。最后得到 687 mg 固体 3-3，产率为 58%。

化合物 Mal-PEG$_{2000}$-Azo-DSPE 的合成（图 3-3）：称取 150 mg 化合物 3-3，224 mg 二硬脂酰基磷脂酰乙醇胺（DSPE），9.66 mg 1-羟基苯并三唑（HOBT），134 mg 1-（3-二甲基氨基丙基）-3-乙基碳二亚胺（EDC）溶解在 30 mL CH$_2$Cl$_2$ 中，N$_2$ 保护条件下过夜搅拌。充分反应之后，在旋转蒸发仪上进行减压蒸馏除去溶剂，利用硅胶柱层析色谱进行纯化，用 CH$_2$Cl$_2$/CH$_3$OH（10:1，v/v）做淋洗剂，最后得到 137 mg 黄色固体 rHP，产率为 67%。^{1}H NMR（400 MHz，CDCl$_3$）δ ppm：0.00~0.11（m），1.40~1.61（m），1.68~1.78（m），1.81~2.11（m），3.62~3.89（m），3.92~4.16（m），5.08~5.35（m），图谱见附录 A。

3.2.4 Micelle@Mito-rHP（MCM）的制备与功能化

MCM 的制备（图 3-4）：称取 0.2 mg 化合物 Mito-rHP，2 mg 聚合物 Mal-PEG$_{2000}$-Azo-DSPE 溶解在 1 mL 四氢呋喃溶液中，超声 5 min 之后加

第 3 章 基于偶氮还原酶响应的胶束用于缺氧诱导的线粒体自噬成像

入 5 mL 超纯水。继续超声 5 min，溶液放置于通风厨内搅拌过夜，蒸发去除四氢呋喃溶剂，用 0.22 μm 滤膜过滤，滤液为 Micelle@Mito-rHP（MCM）。

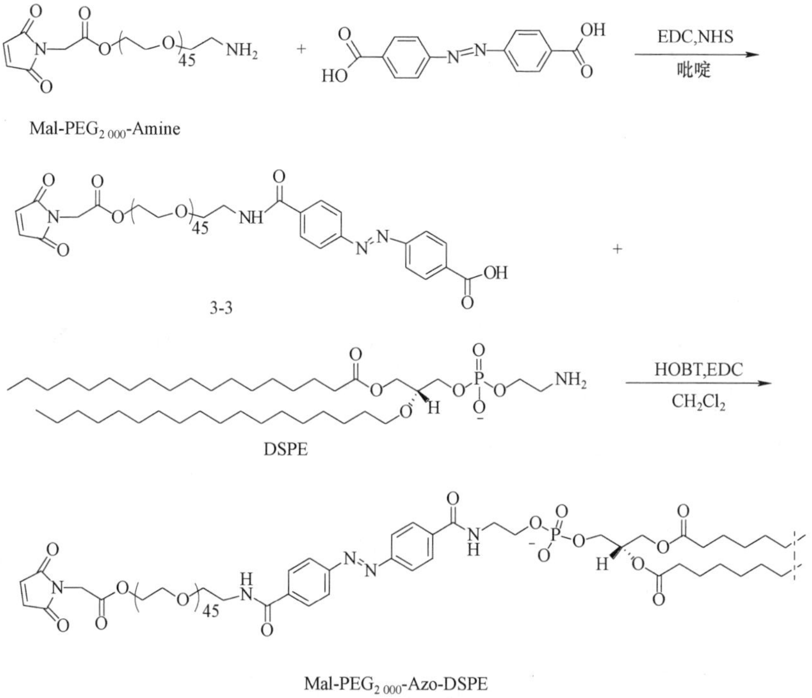

图 3-3 两亲性聚合物 Mal-PEG$_{2\,000}$-Azo-DSPE 合成路线

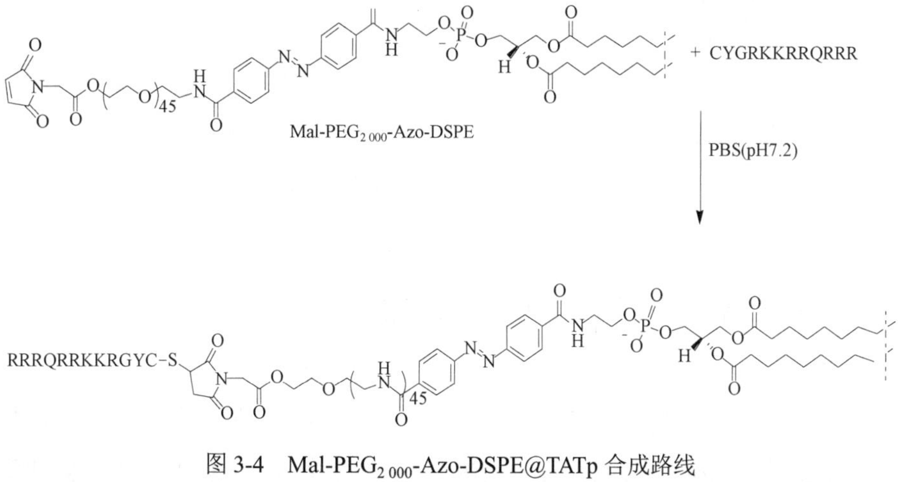

图 3-4 Mal-PEG$_{2\,000}$-Azo-DSPE@TATp 合成路线

MCM 功能化：MCM 进一步与 2 mg 半胱氨酸修饰的细胞渗透肽 TATp 在氮气流保护下过夜搅拌。产物使用分子量为 2 000 Da 的透析膜除去没有反应的 Cys-TATp，合成的 MCM@TATp 置于 4 ℃备用。

3.2.5 十六烷基胺共轭连接 Ce6 的合成与表征

十六烷基胺共轭连接二氢卟吩 e6 的合成如图 3-5 所示：称取 100 mg 二氢卟吩 e6(Ce6)，123 mg 十六烷基胺，99 mg EDC，23 mg HOBT 溶解在 10 mL 无水 CH_2Cl_2 中，室温搅拌 24 h，然后将反应混合物在旋转蒸发仪上进行减压蒸馏去除溶剂，使用薄层色谱进行纯化，用 $CH_2Cl_2/CH_3COOC_2H_5$（1∶2，v/v）做展开剂。刮下单独的条带，溶解于甲醇中，离心收集上清液即为 hCe6。MALDI-TOF m/z：$[C_{82}H_{135}N_7O_3]^+$，1 266.39，图谱见附录 A。

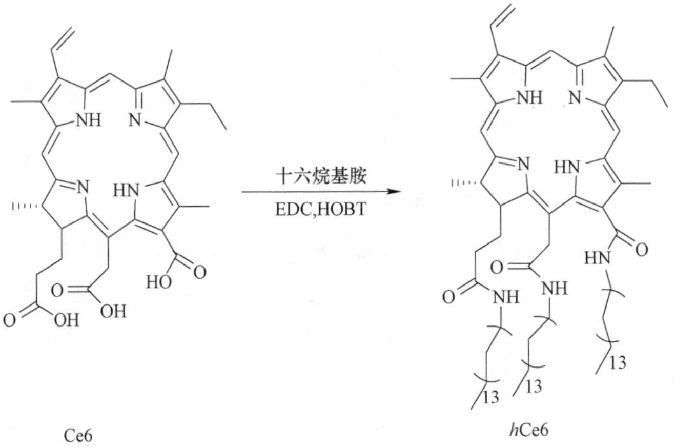

图 3-5　hCe6 的合成路线

3.2.6 临界胶束浓度（CMC）的测定

选用疏水的荧光染料尼罗红（NR）来测定两亲性嵌段共聚物 Mal-PEG$_{2\,000}$-Azo-DSPE 的临界胶束浓度[231]。将 0.1 mg/mL 30 μL NR 的四氢呋喃溶液加入到 EP 管中，放置过夜蒸发去除四氢呋喃溶剂，然后加入不同浓度的胶束（0~2.5 mg/mL）到上述 EP 管中搅拌 12 h，在激发为 550 nm 下测量 NR 的发射光谱。

3.2.7 缺氧响应的考察

胶束内部包裹 NR 用来考察胶束对缺氧响应的能力。在 100 μg/mL 的胶束溶液中加入 75.3 μg/mL 肝微粒和 50 μmol/L 的 NADPH，同时往溶液中通入 N_2 来制造缺氧。每隔 1 h 记录一次荧光，激发波长为 550 nm。

3.2.8 细胞培养和毒性考察

HepG2 肝癌细胞的培养与传代方法参照第 2 章 2.2.6。取生长对数期的 HepG2 细胞，100 μL 5×10^4 mL^{-1} 的细胞悬液接种于 96 孔细胞培养板中，于恒温培养箱中培养 24 h 使细胞贴壁。更换培养基，接着分别加入不同量的 MCM@TATp 培育 4 h。弃去上清并加入新鲜培基继续培养 24 h。随后，进行 MTT 检测，即向各孔中分别加入 60 μL 7 mg/mL 的 MTT 反应 2 h 后弃除培基，每孔加入 150 μL DMSO，低速震荡 5 min，用酶标仪测定其在 490 nm 处的吸光值。将空白对照的结果设定为 100%，通过下面的公式计算各孔的细胞存活率。

$$细胞存活率 = [OD_{490(样品)} - OD_{490(空白)}]/[OD_{490(参照)} - OD_{490(空白)}]$$

3.2.9 细胞线粒体共定位成像和 pH 标定

HepG2 细胞与 10 μmol/L Mito-rHP、100 nmol/L Mito-Tracker Green（MTG）37 ℃条件下孵育 15 min，然后使用 PBS 清洗 HepG2 细胞三次，去

除细胞表面的探针。接着使用不同 pH 的 HEPES 缓冲溶液（含有 10 μmol/L 尼日利亚菌素、30 mmol/L NaCl、120 mmol/L KCl、0.5 mmol/L $CaCl_2$、0.5 mmol/L $MgCl_2$、5 mmol/L 葡萄糖和 20 mmol/L HEPES；pH 值分别为 4.5、5.5、6.0、6.5、7.5、8.5）培育 15 min，改变细胞膜的通透性，使得细胞内包括细胞器与外界的 pH 相一致。在共聚焦显微镜下成像，从而构建线粒体 pH 与荧光强度的标准曲线。

3.2.10 细胞内线粒体自噬成像

HepG2 细胞接种于共聚焦皿中，于 37 ℃、5%CO_2 恒温培养箱中培养。待细胞贴壁，加入 MCM@TATp 和 LTG 探针使其终浓度为 0.5 nmol/L 和 1 μmol/L。在常氧（20%O_2）和不同程度缺氧（15，10，5 和 1%O_2）条件下孵育 3 h，然后用 PBS 清洗细胞三次，去除细胞表面没有结合的 MCM@TATp，进行荧光成像。LTG 和 NCR@TATp 的浓度分别为 1 μmol/L，100 μg/mL；Mito-rHP 的 λ_{ex} = 559 nm，λ_{em} = 580～650 nm；LTG 的 λ_{ex} = 488 nm，λ_{em} = 500～550 nm。

3.2.11 PDT 过程中细胞内线粒体自噬成像

HepG2 细胞接种于共聚焦皿中，在 37 ℃、5%CO_2 恒温培养箱中培养。待细胞贴壁，加入 MCM@TATp 和 LTG 探针使其终浓度为 0.5 nmol/L 和 1 μmol/L。在 10%的 O_2 条件下培育 18 h，然后在激光为 660 nm 照射不同的时间，继续在孵育 6 h 之后加入 LTG 在 37 ℃的条件下孵育 30 min，用 PBS 清洗三次，在超分辨显微镜中聚焦成像。LTG 和 NCR@TATp 的浓度分别为 1 μmol/L，100 μg/mL；Mito-rHP 的 λ_{ex} = 559 nm，λ_{em} = 580～650 nm；LTG 的 λ_{ex} = 488 nm，λ_{em} = 500～550 nm。

3.3 结果与讨论

3.3.1 探针 Mito-rHP 的合成与表征

合成获得 Mito-rHP 后,首先验证 Mito-rHP 在缓冲溶液中的光学性质。如图 3-6(a) 和(b) 所示,随着 pH 从 9.0 降低到 4.0,H^+ 的作用将螺环打开,吸收峰在 576 nm 处逐渐增强,同时伴随着荧光强度在 620 nm 处增强(9.6 倍)。定量分析表明,pH 在 4.0～5.7 范围内呈现出较好的线性关系[图 3-6(c)],经过计算表明 Mito-rHP 的 pK_a 为 6.15±0.06 [图 3-6(d)],并且 Mito-rHP 在 pH 4.0 和 pH 7.0 之间表现出非常好的可逆性 [图 3-6(d) 内插]。

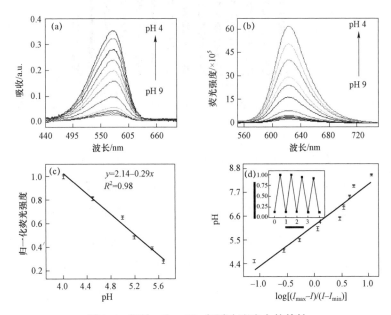

图 3-6 探针 Mito-rHP 在缓冲溶液中的特性

(a) Mito-rHP 在不同 pH 值的 PBS 缓冲溶液中的吸收;(b) 荧光光谱图,箭头从下往上代表 pH 依次为 9.0,8.5,8.0,7.5,7.0,6.5,6.0,5.5,5.0,4.5,4.0;(c) 荧光强度与 pH 之间的线性关系图;(d) $\log[(I_{max}-I)/(I-I_{min})]$ 与 pH 之间的线性关系图;$\lambda_{ex}/\lambda_{em}=530$ nm/620 nm

接下来我们考察了 Mito-rHP 在不同 pH 的缓冲溶液中的选择性。如图 3-7 所示，Mito-rHP 在 pH 7.0，加入干扰物，仅有微弱的荧光变化。与此同时，之前的干扰物在 pH 4.0 的情况下也不会减弱 Mito-rHP 的荧光强度。1-14 分别代表：对照；K^+（0.5 mmol/L）；Na^+（0.5 mmol/L）；Mg^{2+}（0.5 mmol/L）；Zn^{2+}（0.5 mmol/L）；Fe^{3+}（0.5 mmol/L）；HS^-（0.5 mmol/L）；Cys（1 mmol/L）；GSH（1 mmol/L）；丝氨酸（1 mmol/L）；精氨酸（1 mmol/L）；谷氨酸（1 mmol/L）；葡萄糖（1 mmol/L）；HClO（1 mmol/L）；H_2O_2（1 mmol/L）。以上的结果表明，合成的 Mito-rHP 对 H^+ 表现出良好的选择性和荧光特异性。

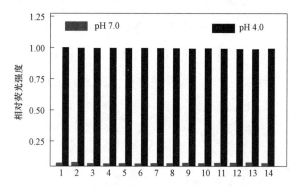

图 3-7　10 μmol/L Mito-rHP 与其他干扰性物质存在时相对荧光强度考察
$\lambda_{ex}/\lambda_{em}$ = 530 nm/620 nm

考察 Mito-rHP 在水溶液中的性能之后，进一步考察 Mito-rHP 在 HepG2 细胞中的性质。Mito-rHP、线粒体绿色 Tracker 与 HepG2 细胞共孵育来评价 Mito-rHP 的靶向性以及检测线粒体 pH 的能力。HepG2 细胞首先用含有高 K^+ 和 10 μmol/L 尼日利亚菌素的缓冲溶液（不同 pH）培育细胞 15 min，使细胞内包括细胞器与细胞外基质的 pH 相一致[232]。如图 3-8 所示，从 HepG2 细胞中得到的 Mito-rHP 红色荧光随着 pH 的降低逐渐增强，主要是由于探针闭环结构在酸性环境下发生开环反应，恢复罗丹明共轭结构，从而表现出"turn-on"的荧光响应。

第 3 章 基于偶氮还原酶响应的胶束用于缺氧诱导的线粒体自噬成像

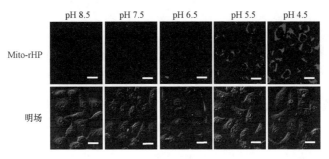

图 3-8 Mito-rHP（10 μmol/L）与 HepG2 细胞共孵育然后置于含有尼日利亚菌素的不同 pH 的缓冲溶液中的荧光成像图

收集波长的范围是 580～650 nm，第二排为相应的明场图，标尺：20 μm

另外，在 pH 4.5 的条件下，Mito-rHP 与 MTG 表现出很好的重叠，皮尔森相关系数为 0.95，表明 Mito-rHP 能够特异性的靶向 HepG2 细胞中的线粒体，如图 3-9(a)所示。图 3-9(a)展示了 HepG2 细胞与 Mito-rHP（10 μmol/L）、MTG（100 nmol/L）共同孵育然后置于含有 10 μmol/L 的尼日利亚菌素 pH 4.5 缓冲溶液和 MTG 共染区域的叠加曲线，其中，① 表示 $\lambda_{ex} = 488$ nm，$\lambda_{em} = 520$～570 nm，② 表示 $\lambda_{ex} = 559$ nm，$\lambda_{em} = 580$～650 nm；③ 表示明场，④ 表示叠加图，⑤ 表示共定位区域荧光强度散点图，⑥ 表示 Mito-rHP。

荧光成像中，F_{red}（Mito-rHP）发射荧光强度在 pH 4.5 到 pH 8.5 之间具有较好的响应，如图 3-9（b）所示。以上结果表明探针 Mito-rHP 具有潜在指示线粒体自噬的能力。

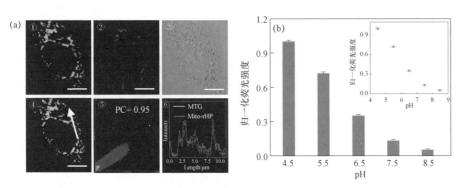

图 3-9 Mito-rHP 在线粒体区域共定位成像图和相对荧光强度 F_{red} 与细胞内 pH 的校准柱状图

（a）Mito-rHP 在线粒体区域共定位成像图；（b）相对荧光强度 F_{red} 与细胞内 pH 的校准柱状图，内插：F_{red} 与细胞内 pH 关系图；标尺：10 μm

3.3.2 胶束对缺氧的响应分析

使用疏水的荧光染料尼罗红（NR）作为荧光指示剂来考察两亲性聚合物（Mal-PEG$_{2\,000}$-Azo-DSPE）的临界胶束浓度[232]。当水溶液中没有胶束形成时，NR 在水溶液中以聚集形成存在，导致荧光猝灭。一旦有胶束形成时，NR 会分散进入胶束的疏水部分，增加 NR 的溶解性，使 NR 的荧光强度增强，同时伴随着荧光发射光谱蓝移。如图 3-10（a）所示，随着胶束浓度的增加，荧光强度一开始增加缓慢，但随着聚合物浓度的继续增加，会出现一个突然的增大，表明聚合物在此浓度下形成胶束。通过测定 NR 在 643 nm 处的荧光发射强度与聚合物浓度的对数得知 Mal-PEG$_{2\,000}$-Azo-DSPE 的临界胶束浓度为 0.05 mg/mL，如图 3-10（b）所示。

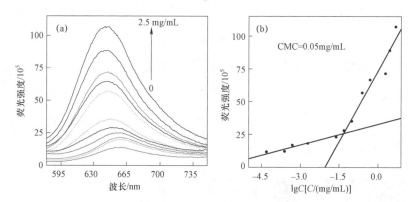

图 3-10　尼罗红（NR）在不同浓度的胶束的荧光发射光谱图和 NR 在 643 nm 处的发射强度与聚合物浓度对数之间的关系

（a）尼罗红（NR）在不同浓度的胶束的荧光发射光谱图（箭头指示胶束的浓度从底部到顶部依次为：0.5×10^{-5}，25×10^{-5}，5×10^{-4}，8×10^{-3}，2.5×10^{-2}，5×10^{-2}，0.1，0.4，0.5，1.0，1.8，2.5 mg/mL）；（b）NR 在 643 nm 处的发射强度与聚合物浓度对数之间的关系

TEM 图表明胶束的形貌为球形，且平均粒径为 75.3 nm±8.7 nm［图 3-11（a）］，动态光散射（DLS）测量了胶束的水合粒径为 105.5 nm±2.4 nm［图 3-11（a）内插］。设计合成的 Mal-PEG$_{2\,000}$-Azo-DSPE 含有偶氮苯基团，理论上可以被偶氮还原酶和电子供体辅酶 NADPH 还原生成苯胺，接下来考察胶束响应偶

第 3 章 基于偶氮还原酶响应的胶束用于缺氧诱导的线粒体自噬成像

氮还原酶的性质。100 μg/mL 的胶束溶液中加入 NADPH 和肝微粒（肝微粒中含有偶氮还原酶用于体外模拟缺氧）同时通 N_2 使溶液处于缺氧的状态用来激活肝微粒发生还原反应[233]。充分反应之后，TEM 图表明胶束外貌不再是圆形［图 3-11（b）］，DLS 从 105.5±2.4 减少到 30.8 nm±2.1 nm（图 3-11（b）内插）。另外，^{1}H NMR 中 DSPE 的信号消失（谱图见附录 A）以及 450 nm 处偶氮键的吸收随着反应时间的延长逐渐减少［图 3-11（c）］，包裹在胶束内部 NR 的荧光强度随着反应时间的延长逐渐降低（NR 作为荧光指示剂包裹进入胶束），这些数据表明偶氮键在偶氮还原酶和 NADPH 的作用下发生还原反应。没有加入偶氮还原酶和 NADPH 作为对照，NR 稳定地包裹在胶束中［图 3-11（d）］。以上的结果表明，我们设计的胶束与偶氮还原酶发生反应后，胶束的水溶性发生变化，从而导致胶束发生解散。

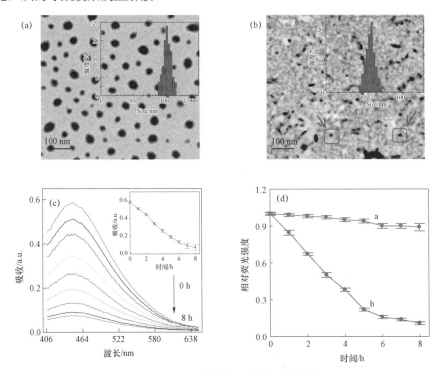

图 3-11 胶束对偶氮还原酶响应的考察

（a）胶束形成的 TEM 图，内插：动态光散射；（b）胶束与偶氮还原酶作用之后的 TEM 图，内插：动态光散射；（c）不同缺氧时间胶束的吸收，内插：胶束的吸收与缺氧时间之间的关系；（d）MCR 在常氧（a）和缺氧条件下（b）的相对荧光强度；缺氧条件：反应体系中肝微粒和 NADPH 的浓度分别为 75.3 μg/mL 和 50 μmol/L，并且反应体系中不断通入 N_2

3.3.3 细胞内线粒体自噬成像

为了避免胶束被内吞进入核内体或者溶酶体，进一步在胶束表面修饰带正电荷的细胞渗透肽（HIV-1 tat 肽（TATp）序列为 CYGRKKRRQRRR）。TATp 碳端的半胱氨酸上的巯基与胶束表面的马来酰亚胺发生点击反应，从而将 TATp 多肽修饰在胶束的表面。TATp 中含有大量的 N—H 键和 C=O 键，当 MC 与 TATp 反应后，红外光谱（FTIR）数据表明 $3\,200 \sim 3\,600\ cm^{-1}$ 处宽且弱的 N—H 伸缩键和 $1\,667.5\ cm^{-1}$ 处的 C=O 伸缩键明显增强[图 3-12（A）]，从而表明 TATp 成功修饰到胶束上。如图 3-12（B）和（C）所示，TEM、DLS 表征 MC@TATp 的外形仍为球形，粒径与胶束相比稍微增大。

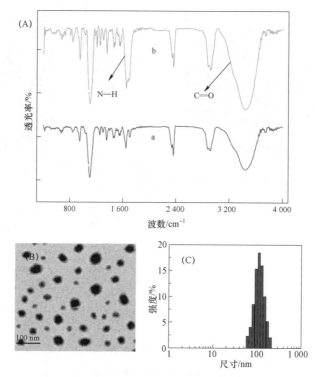

图 3-12 功能化 CMC 的表征

（A）Mal-PEG$_{2\,000}$-Azo-DSPE@TATp（a）和 Mal-PEG$_{2\,000}$-Azo-DSPE（b）的红外光谱图；（B）NC@TATp 的 TEM 图；（C）NC@TATp 的 DLS 图

第 3 章 基于偶氮还原酶响应的胶束用于缺氧诱导的线粒体自噬成像

接下来使用 MCR@TATp（NR 作为荧光指示剂）来考察胶束内吞进入细胞的情况以及在细胞内响应偶氮还原酶的性质。首先 HepG2 细胞与 MCR@TATp 分别在 20%O_2 和 1%O_2 条件下培育 8 h，然后用 PBS 清洗三次，再与溶酶体示踪剂（LTG）孵育 30 min，最后进行共聚焦成像。如图 3-13（a）所示，MCR@TATp 与细胞在常氧条件下共孵育，由于偶氮还原酶表达含量少，胶束仍然保持完整，因此观察到红色荧光。LTG（绿色通道）与 NR（红色通道）共定位，皮尔森共定位系数是 0.43，表明大部分胶束分布在细胞质中，没有被内吞进入溶酶体。而作为对照试验，当加入没有修饰细胞渗透肽 TATp 的 MCR，LTG（绿色通道）与 NR（红色通道）共定位，皮尔森共定位系数是 0.79，表明细胞内吞的 MCR 大部分累积在溶酶体中［图 3-13（b）］。值得注意的是，对于缺氧组，红色荧光减弱［图 3-13（c）］。这主要是由于偶氮还原酶将胶束的偶氮键还原，胶束的亲疏水发生变化，导致胶束解散，释放出 NR，但细胞质不同于缓冲溶液，NR 仍具有一定的荧光强度。这些数据表明，构建的胶束可以优先进入细胞质并且在肿瘤细胞缺氧条件下偶氮还原酶能够还原胶束中的偶氮键。

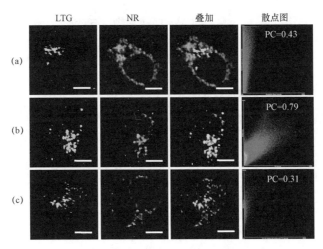

图 3-13　HepG2 细胞与 LTG 共定位荧光成像

HepG2 细胞与 MCR@TATp（a），MCR（b）在常氧条件下共孵育；（c）MCR@TATp 与 HepG2 细胞在缺氧条件下共孵育；LTG、MCR 和 MCR@TATp 的浓度分别为 1 μmol/L，100 μg/mL，100 μg/mL；NR 的 λ_{ex} = 559 nm，λ_{em} = 580～650 nm；LTG 的 λ_{ex} = 488 nm；λ_{em} = 500～550 nm，标尺为：10 μm

接下来应用胶束对缺氧诱导线粒体自噬进行成像。首先将合成的 Mito-rHP 探针通过溶剂蒸发的方法包裹进入胶束的疏水空腔，然后功能化细胞渗透肽 TATp 形成 MCM@TATp，用于活细胞成像。如图 3-14（a）所示，在 MCM@TATp 经过充分透析之后，可以观测到 450 nm 和 576 nm 处分别为聚合物偶氮键和 Mito-rHP 的吸收峰。接下来使用经典的 MTT 实验来考察 MCM@TATp 的细胞毒性。在培育 24 h 之后，尽管 MCM@TATp 的浓度达到 130 μg/mL，HepG2 细胞的存活率仍达到 85%以上［图 3-14（b）］。

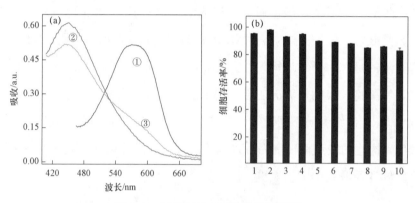

图 3-14　MCM@TATp 生物活性验证
（a）吸收光谱① Mito-rHPH$^+$，② MC，③ MCM；（b）MTT 实验：1~10 分别代表 MCM@TATp 的浓度为 0，50，60，70，80，90，100，110，120，130 μg/mL

HepG2 细胞与 MCM@TATp 以及 MTG 共孵育用于缺氧诱导线粒体自噬成像，每隔 8 h 测量一次，观察时间为 24 h（根据文献报道，在 1%O$_2$ 条件下，偶氮还原酶表达充分）[234,235]。如图 3-14（a）所示，HepG2 细胞与 MCM@TATp 在常氧条件下孵育 8 h，观察到微弱的荧光，并且 Mito-rHP 与 LTG 共定位，皮尔森共定位系数是 0.21，这主要是由于正常条件下，细胞内偶氮还原酶含量较少，因此 Mito-rHP 仍处在完整的胶束中。与此同时，HepG2 细胞与 MCM@TATp 在 1%O$_2$ 条件下孵育 24 h，每隔 8 h 成像一次［图 3-15（b）~（d）］。从 Mito-rHP 通道中观察到红色荧光信号随着培育时间的增加而逐渐增强，并且与（LTG）具有好的叠加，皮尔森共定位系数增加到 0.65

（24 h 相对于 8 h）。为了进一步验证荧光成像是由于缺氧诱导线粒体自噬引起的，接下来使用巴佛罗霉素 A（bafilomycin A，BFA）做对照试验[236]。BFA 会使细胞内溶酶体 pH 碱化，进而抑制线粒体与溶酶体的融合，是线粒体自噬的抑制剂。BFA 与 HepG2 细胞孵育 3 h 之后再与 MCM@TATp 在缺氧条件下孵育，此时仅有微弱的荧光信号可以被检测到 [图 3-16（a）]。这一结果表明即使在缺氧的条件下，线粒体没有发生自噬，Mito-rHP 是没有荧光的。当 O_2 浓度设置为 15%，10%，5%，HepG2 细胞与 MCM@TATp 共孵育，发现荧光强度逐渐增强（图 3-17～图 3-19）。

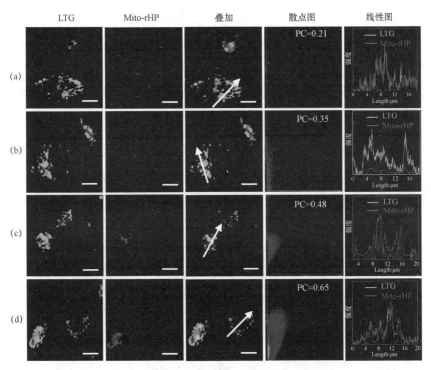

图 3-15　HepG2 细胞在不同条件下荧光成像

（a）HepG2 细胞与 MCM@TATp 在常氧条件下共孵育 8 h 后成像；HepG2 细胞与 MCM@TATp 在缺氧条件下（1%O_2）共孵育 8 h（b）、16 h（c）和 24 h（d）荧光成像；LTG 和 MCM@TATp 的浓度分别为 1 μmol/L，100 μg/mL；Mito-rHP 的 λ_{ex} = 559 nm，λ_{em} = 580～650 nm；LTG 的 λ_{ex} = 488 nm，λ_{em} = 500～550 nm，标尺为：10 μm

3.3.4 特异性的考察

线粒体自噬是细胞通过溶酶体与受损线粒体发生融合并且降解线粒体的过程，其主要的目的是保证线粒体的质量从而有利于细胞的生存。一般而言，缺氧、药物刺激、饥饿都会引起线粒体自噬[237]。然而如何特异性地区分线粒体自噬是由于缺氧引起仍然是个挑战。基于我们设计的偶氮苯响应的MCM@TATp纳米探针，进一步考察MCM@TATp用于特异性缺氧诱导的线粒体自噬成像。

如图3-15（d）所示，HepG2细胞与MCM@TATp在缺氧条件下共孵育，可以观察到明显的红色荧光。相比而言，HepG2细胞与MCM@TATp、羰基氰基3-氯苯腙（carbonyl cyanide *m*-chlorophenyl hydrazone，CCCP，一种线粒体自噬引发剂[267]，引起细胞膜电势的解耦联）共孵育，没有观察到明显的荧光［图3-16（b）］。这主要是由于在正常含量条件下，偶氮还原酶表达少，构建的MCM@TATp仍然完整，Mito-rHP包裹在胶束中。实验数据表明，构建的MCM@TATp可以特异性地用于缺氧诱导的线粒体自噬。

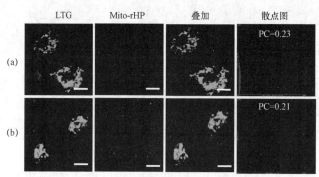

图3-16　MCM@TATp与HepG2在不同条件下的荧光成像

(a) 加入 10 μmol/L 巴佛罗霉素 A；(b) 加入 1 mmol/L CCCP；LTG 和 MCM@TATp 的浓度分别为 1 μmol/L, 100 μg/mL；Mito-rHP 的 λ_{ex}=559 nm, λ_{em}=580～650 nm; LTG 的 λ_{ex}=488 nm, λ_{em}=500～550 nm, 标尺为：10 μm

第3章 基于偶氮还原酶响应的胶束用于缺氧诱导的线粒体自噬成像

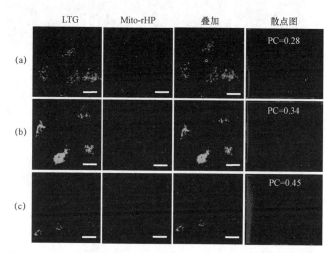

图 3-17　在含氧量为 15%的条件下，孵育不同时间的荧光成像

(a)8 h；(b)16 h；(c)24 h；LTG 和 MCM@TATp 的浓度分别为 1 μmol/L，100 μg/mL；Mito-rHP 的 $\lambda_{ex}=559$ nm，$\lambda_{em}=580\sim650$ nm；LTG 的 $\lambda_{ex}=488$ nm，$\lambda_{em}=500\sim550$ nm，标尺为：10 μm

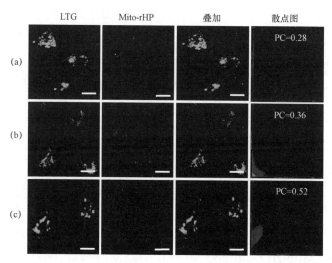

图 3-18　含氧量为 10%条件下，孵育不同时间荧光成像

(a)8 h；(b)16 h；(c)24 h；LTG 和 MCM@TATp 的浓度分别为 1 μmol/L，100 μg/mL；Mito-rHP 的 $\lambda_{ex}=559$ nm，$\lambda_{em}=580\sim650$ nm；LTG 的 $\lambda_{ex}=488$ nm；$\lambda_{em}=500\sim550$ nm，标尺为：10 μm

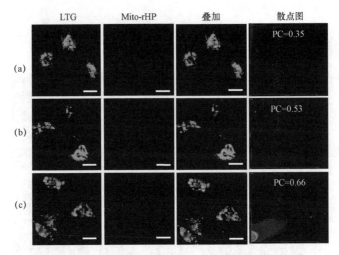

图 3-19 含氧量为 5%条件下,孵育不同时间荧光成像

(a)8 h,(b)16 h,(c)24 h;LTG 和 MCM@TATp 的浓度分别为 1 μmol/L,100 μg/mL;Mito-rHP 的 λ_{ex}=559 nm,λ_{em}=580~650 nm;LTG 的 λ_{ex}=488 nm,λ_{em}=500~550 nm,标尺为:10 μm

3.3.5 PDT 过程中线粒体自噬成像

鉴于 MCM@TATp 在固定 O_2 浓度的条件下可以对线粒体自噬成像,我们进一步评价它在光动力学治疗(photodynamic therapy,PDT)中的应用潜能[239,240]。根据之前的报道,PDT 通过光敏剂与 O_2 分子在激光的辐射下产生 ROS,从而达到有效的治疗效果。由于持续的消耗 O_2,缺氧是光动力学治疗过程中的一个明显特征。疏水的 Ce6 作为光敏剂(十六烷基共价修饰到 Ce6 上)与 Mito-rHP 共同包裹进入胶束疏水的空腔内部用于实现光动力学过程中线粒体自噬的成像。简言之,Mal-PEG$_{2000}$-Azo-DSPE、Mito-rHP、hCe6 以质量比为 10:1:1 通过溶剂蒸发的方法制备 Micelle@Mito-rHP@hCe6(MCMC),然后再通过 TATp 功能化和透析形成 MCMC@TATp。UV-vis 吸收光谱表明在 404 nm 处有明显的特征吸收峰[图 3-20(a)]。使用 TEM 和 DLS 表征 MCMC@TATp,结果与 MCM@TATp 相类似。

第 3 章 基于偶氮还原酶响应的胶束用于缺氧诱导的线粒体自噬成像

使用 MCMC@TATp 来研究光动力学过程中线粒体自噬成像。HepG2 细胞与 MCMC@TATp 在温和的缺氧条件下（O_2 浓度为 10%）来模拟真实的肿瘤缺氧微环境[241]。然后置于 660 nm 激光条件下辐射不同的时间。随后在温和的条件下，继续孵育 18 h。缺氧诱导因子（HIF-1α）仅在缺氧条件下表达，而在常氧条件下发生降解，因此可以通过 HIF-1α 蛋白电泳实验来确认 PDT 导致细胞缺氧[242]。如图 3-20（b）所示，HIF-1α 的含量随着 PDT 照射时间的增加而增加，表明了 PDT 过程中进一步引起缺氧。如图 3-20（c）所示，HepG2 细胞的荧光强度随着辐射时间的增加而增强。以上结果表明我们构建的 MCMC@TATp 可用于 PDT 过程中线粒体自噬成像。

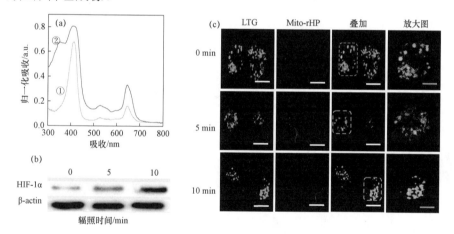

图 3-20 PDT 过程中线粒体自噬成像的研究

（a）hCe6①，MCMC@TATp②的吸收光谱图；（b）蛋白电泳实验：激光 660 nm 照射不同的时间，HepG2 细胞中 HIF-1α 的含量；（c）激光 660 nm 照射不同的时间下，HepG2 线粒体自噬荧光成像

3.4 结 论

设计了一种具有偶氮苯响应并且内部包裹了罗丹明衍生物（Mito-rHP）的胶束用于缺氧诱导线粒体自噬成像。在缺氧条件下，偶氮酶还原胶束中偶

氮苯基团导致胶束解散，释放出有靶向线粒体和响应 pH 的能力的探针 Mito-rHP。当线粒体发生自噬时，探针 Mito-rHP 表现出"off-on"的荧光性质。作为进一步的应用，构建的胶束成功地应用于 PDT 过程中线粒体自噬成像。

第 4 章 双激活的荧光探针用于缺氧诱导的线粒体自噬成像

4.1 引　言

如前文所述，自噬作为一种很重要的代谢过程，可维持细胞和组织内平衡。虽然在第 3 章中我们证实了 MCM@TATp 能够对缺氧诱导的线粒体自噬进行特异性成像，但是制备缺氧响应胶束的过程繁琐，而且为了避免胶束内吞进入溶酶体，又在胶束表面修饰了细胞渗透肽。

小分子荧光探针有明显的优势，如免受内涵体以及溶酶体的胞吞可以直接进入细胞膜的特定位置进行成像[243-245]。例如使用两个具有不同激发波长的荧光探针分别定位于线粒体和溶酶体，用来研究线粒体自噬[230]。该方法简便，但需要同时使用两个荧光探针成像线粒体和溶酶体。另外溶酶体探针不仅靶向含有线粒体的自噬体中，而且还定位到溶酶体参与的其他过程，如吞噬或者内吞，因而引起假信号[246]。为了解决以上问题，Kim 等报道了一个能够靶向并且固定在线粒体内的 pH 敏感探针用于检测线粒体基质酸化[220]。Shangguan 等报道了一个花菁染料（HQO）能够特异性地累积在线粒体中对自噬进行成像。正常生理条件下线粒体内的基质 pH 为碱性，探针的激发波长为 530 nm，发射波长为 650 nm[218]。而损伤的线粒体与溶酶体发生融合之后，pH 降低 HQO 发生质子化，最终引起波长红移到 750 nm，可通过共聚焦显微镜同时观测到线粒体和自噬溶酶体。Park 等报道了一种基于主客体探能够动态监测自噬体-溶酶体融合过程[247]。

然而不同的刺激因素尤其是缺氧会引起细胞内活性氧物质（ROS）的升高从而诱发线粒体自噬[248,249]。为了使用小分子荧光探针对缺氧诱导的线粒体自噬进行特异性荧光成像，设计的探针分子应该满足以下条件：① 含有缺氧响应的识别位点，对于其他刺激因素（如饥饿、药物）诱导线粒体发生的自噬，探针分子的荧光不会被激活；② 含有线粒体靶向定位基团，探针可以定位到线粒体；③ 具有 pH 响应性质，在缺氧的条件下，若发生线粒体自噬，探针分子的荧光激活。按照上述的条件，设计了缺氧和线粒体自噬激活的荧光探针分子 $MiAzoR_1$、$MiAzoR_2$、$MiAzoR_3$，主要的区别是偶氮苯连接的基团不同，其中 R_1 为磺酸基，R_2 为甲基，R_3 为氨基。由于官能团的差异，导致荧光探针分子在反应速率，以及进入细胞成像定位上存在差异。结果表明三种探针具有非常好的线粒体自噬成像的效果，在速率上明显优于胶束的成像，$MiAzoR_3$ 进一步证明线粒体内也含有偶氮还原酶。

4.2 实验部分

4.2.1 试剂和仪器

主要试剂：2-（4-二乙胺-2-羟基苯甲酰丙烯酸）苯甲酸，三苯基膦，溴乙胺氢溴酸盐均购自于 J&K 化学有限公司。N, N'-二环己基碳二亚胺（DCC），噻唑蓝溴化四唑（MTT），羰基氰化物苯腙（CCCP），尼日利亚菌素购自于 Sigma-Aldrich 有限公司。薄层色谱板和硅胶（400 目）购于青岛海洋化学试剂厂。磷酸酰胺腺嘌呤二核苷酸（NADPH）购于碧云天生物技术有限公司（上海），肝微粒购于齐氏生物有限技术公司（江苏）。溶酶体蓝色荧光 Tracker 购于凯基生物技术股份有限公司（江苏），人类肝癌细胞（HepG2）来自湖南大学生物学院。

主要仪器：核磁共振光谱仪（Bruker DRX-400 spectrometer），质谱（Agilent 1 100 HPLC/MSD），高效液相色谱仪 HPLC（LC-20A，Shimadzu，Japan），荧光光谱仪（photo technology international，Birmingham，NJ），紫外吸收光谱仪（Hitachi U-4100，Kyoto，Japan），激光共聚焦显微镜（FluView™ FV1000，Olympus，Janan），model 868 pH 计。其他仪器包括 R-1001-VN 直立式旋转蒸发仪，SHB-Ⅲ 型水循环多用真空泵。

4.2.2　探针的合成与表征

探针分子 MiAzoR 的合成路线如图 4-1 所示，其中化合物 4-1 根据文献方法合成。化合物 4-2、4-3 的合成：详见 4.2.2 部分。

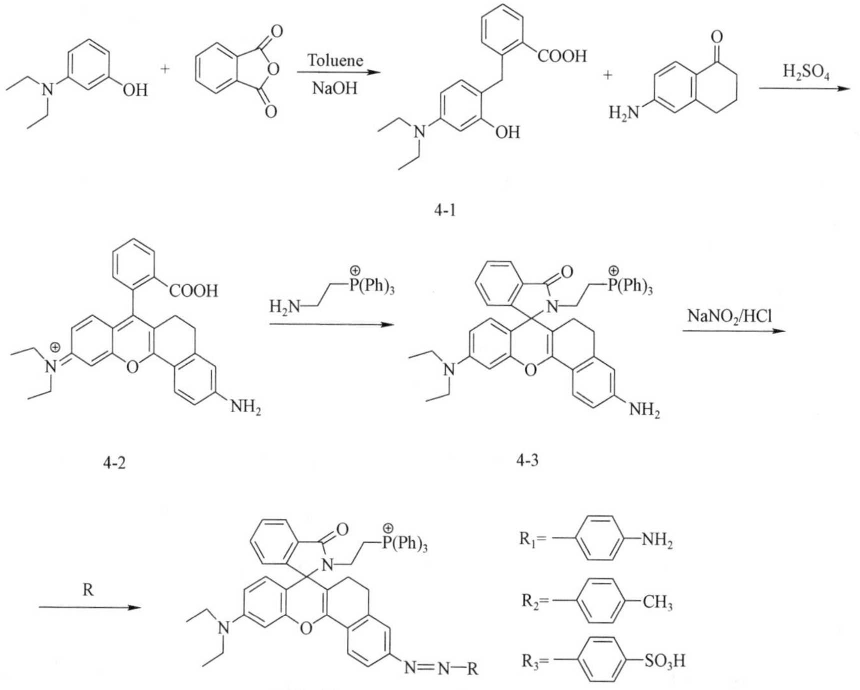

4-1　4-2　4-3　MiAzoR

图 4-1　探针分子 MiAzoR 的合成路线

探针 MiAzoR 的合成：称取 145.2 mg 化合物 4-3 于烧瓶中，加入 10 mL H_2SO_4 溶液（1.5 mol/L），混合物在冰浴的条件下快速搅拌。将 50 mg $NaNO_2$ 溶于 5 mL 去离子水，缓慢滴加后，冰浴条件下搅拌 3 h。

对于 $MiAzoR_1$，在另外的一个烧杯里，依次加入 1.5 g Na_2CO_3，1.0 g NaOH，50 mg 苯磺酸和 10 mL 水，混合物在冰浴条件下搅拌。等溶液澄清之后，将上面的液体缓慢滴加到混合溶液中，冰浴条件下继续反应 3 h。反应结束后，将混合物倒入 100 mL 去离子水中，用 HCl 调至中和。然后进行抽滤，并用大量的去离子水冲洗。产物在 60 ℃ 下真空干燥，得到 135 mg 黄色固体，产率 82.3%。^{1}H NMR（400 MHz，CD_3OD，δ）：ppm 8.2（d，1H），7.83～7.62（m，15H），7.5～7.3（t，4H），7.22～6.8（t，4H），6.10（d，1H），3.98～3.73（m，4H），1.78～1.66（m，6H），1.14（m，4H）；^{13}C NMR（100 MHz，CD_3OD，δ）：ppm 181.3，178.5，176.6，173.7，168.4，154.4，150.0，135.2，132.7，99.3，84.3，48.0，35.5，30.8，27.3，16.5，14.5.MS-ESI *m/z*：882.3，谱图见附录 A。

对于 $MiAzoR_2$，在另外的一个烧杯里，依次加入 1.5 g Na_2CO_3，1.0 g NaOH，20 mg 甲苯和 100 mL 水，混合物在冰浴条件下搅拌。等溶液澄清之后，将上面的液体缓慢滴加到混合溶液中，冰浴条件下继续反应 3 h。反应结束后，将混合物倒入 100 mL 去离子水中，用 HCl 调至中和。然后进行抽滤，并用大量的去离子水冲洗。产物在 60 ℃ 下真空干燥，得到 128 mg 黄色固体，产率 78.2%。^{1}H NMR（400 MHz，CD3OD，δ）：ppm 7.9（d，1H），7.68～7.43（m，15H），7.18～6.6（t，4H），6.25～6.13（t，4H），6.10（d，1H），4.25（d，2H），3.52～3.48（m，8H），1.14（m，6H）；^{13}C NMR（100 MHz，CD_3OD，δ）：ppm 170.6，165.2，155.3，135.7，132.6，131.3，125.4，118.6，117.2，98.3，35.5，32.3，30.5，26.5，12.3.MS-ESI *m/z*：829.3，谱图见附录 A。

对于 $MiAzoR_3$，在另外的一个烧杯里，依次加入 1.5 g Na_2CO_3，1.0 g NaOH，20 mg 苯胺和 100 mL 水，混合物在冰浴条件下搅拌。等溶液澄清之后，将上面的液体缓慢滴加到混合溶液中，冰浴条件下继续反应 3 h。反应结束后，将混合物导入 100 mL 去离子水中，用 HCl 调至中和。然后进行抽滤，并用大量的去离子水冲洗。产物在 60 ℃下真空干燥，得到 123 mg 黄色固体，产率 75.2%。^{1}H NMR（400 MHz，CD$_3$OD，δ）：ppm 8.2（d，1H），7.98～7.71（m，20H），7.64（t，2H），7.22（t，1H），6.10（d，1H），3.98～3.73（m，4H），3.22～2.91（m，4H），1.78～1.66（m，6H），1.14（m，4H）；^{13}C NMR（100 MHz，CD$_3$OD，δ）：ppm 152.8，135.1，133.6，132.7，130.4，128.4，118.0，117.2，67.7，51.3，45.3，44.0，39.5，35.8，32.3，39.5，22.5，13.47，11.4。MS-ESI m/z：831.2，谱图见附录 A。

4.2.3 光谱测量

用 CH$_3$OH 溶解探针 MiAzoR 得到 100 μmol/L 的储备液，肝微粒作为实验中偶氮还原酶的来源。实验中所用荧光和吸收光谱都在含有 10%PBS 缓冲溶液中进行。对于水溶液中偶氮键还原实验，往 500 μL 10 μmol/L 的 MiAzoR 缓冲溶液加入 75.3 μg/mL 的肝微粒和 50 μmol/L NADPH，同时通 N$_2$ 来制造缺氧条件[278,279]，37 ℃反应 60 min，测量荧光强度（λ_{ex}=530 nm，发射光收集范围是 580～650 nm，激发和发射狭缝为 2.0 nm）。

4.2.4 细胞毒性考察

HepG2 肝癌细胞的培养与传代方法参照第 2 章 2.2.6。取生长对数期的 HepG2 细胞，100 μL 5×10^4 mL^{-1} 的细胞悬液接种于 96 孔细胞培养板中，于恒温培养箱中培养 24 h 使细胞贴壁。更换培养基，接着分别加入不同量的 MiAzoR$_1$、MiAzoR$_2$、MiAzoR$_3$ 培育 24 h。随后进行 MTT 检测，即向各孔中分别加入 60 μL 7 mg/mL 的 MTT 反应 2 h 后弃除培基，每孔加入 150 μL DMSO，低速震荡 5 min。用酶标仪测定其在 490 nm 处的吸光值。将空白对照的结果设定为 100%，通过下面的公式计算各孔的细胞存活率。

$$细胞存活率 = [OD_{490(样品)} - OD_{490(空白)}]/[OD_{490(参照)} - OD_{490(空白)}]$$

4.2.5 细胞成像

HepG2 细胞与 MiAzoR（10 μmol/L）和溶酶体追踪剂 LysoTracker Blue（5 μmol/L）在含氧量（1%O_2）的条件下共同培育不同时间，然后用 PBS 缓冲溶液清洗三次，进行共聚焦显微成像。

4.3 结果与讨论

4.3.1 探针的设计原理

为了能够在缺氧条件下，准确获得线粒体自噬的信号，探针分子必须具有以下三个特征：① 在含氧量正常的情况下，对于其他刺激因素（如饥饿、药物）诱导线粒体发生的自噬，探针分子的荧光不会被激活；② 在缺氧的条件下，若发生线粒体自噬，探针分子的荧光激活；③ 为了使探针可以定位到线粒体，探针分子需含有线粒体靶向的定位基团。

为了满足上述要求，设计了缺氧和线粒体自噬同时激活的荧光探针分子 MiAzoR。如图 4-2（a）所示，MiAzoR 选用具有摩尔消光系数大、荧光量子产率高的罗丹明作为荧光团。最近报道了大量基于偶氮苯缺氧识别位点的小分子荧光探针用于细胞内缺氧成像研究。偶氮苯具有很好的荧光猝灭效果，因此将偶氮苯基团修饰在罗丹明分子上，起到缺氧响应的功效。在缺氧条件下，线粒体自噬的最终结果是溶酶体与线粒体融合，导致线粒体的基质由碱性变成酸性，因此我们在罗丹明衍生物中进一步修饰螺环结构用来构建线粒体自噬（H^+）识别单元。在中性或碱性条件下，罗丹明衍生物处于螺闭环状态，没有荧光，而在酸性条件下闭环打开荧光增强。另外为了保证该探针分子具有定位于线粒体的能力，借鉴之前靶向线粒体荧光探针的设计，在分子骨架上修饰线粒体靶向基团三苯基膦。因此这个由螺环、偶氮苯、三苯基膦基团组成的罗丹明衍生物 MiAzoR 具有这样的性质：如图 4-2 所示，当其他刺激因素诱导线粒体发生自噬时，探针表现出很弱的荧光；而当在缺氧的条件下，细胞内偶氮还原酶高表达，探针分子中偶氮苯发生还原反应生成 pH 响应的化合物 Mito-rHP。一旦线粒体发生自噬，荧光强度会极大增强。

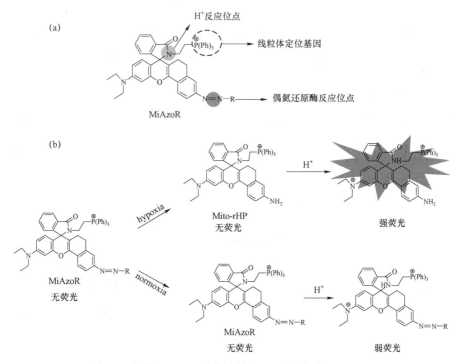

图 4-2 探针 MiAzoR 的设计策略（a）与响应机理（b）

4.3.2 可行性研究

合成 MiAzoR 后，首先使用 MiAzoR$_1$ 来验证实验的可行性。如图 4-3

（A）（B）所示，当缓冲溶液为中性（pH=7.4），MiAzoR$_1$ 在可见光区域没有吸收也没有荧光发射（曲线 a）。这是由于此时探针处于螺闭环和偶氮苯基团吸电子的双重猝灭作用，从而导致的荧光猝灭。当加入肝微粒（内含有偶氮还原酶用来模拟体外缺氧）与辅酶 NADPH 并且往溶液中通入 N$_2$ 来制造缺氧，探针的吸收和荧光强度没有发生明显的变化（曲线 b）。通过高效液相色谱（图 4-4）结果表明 MiAzoR$_1$ 和偶氮还原酶发生作用，生成相应的化合物 Mito-rHP。这一结果证实缺氧条件下，偶氮还原酶在辅酶 NADPH 的作用下把偶氮苯强吸电子基团还原成苯胺，但探针仍处于螺闭环状态，荧光仍旧很微弱。此时若加 HCl 调节缓冲溶液为酸性（pH=4.5），则在 576 nm 处具有较强的吸收峰（$\varepsilon = 2.9 \times 10^4$ mol/L^{-1}cm^{-1}），同时有明显的荧光发射（$\lambda_{em} = 620$ nm）。若没有加入肝微粒和 NADPH，只把缓冲溶液改为酸性，MiAzoR$_1$ 的螺环虽然被打开，但是偶氮苯强吸电子作用仍会使探针的荧光很微弱。以上这些结果表明单独缺氧或者是其他因素诱导线粒体自噬都不能使探针的荧光增强，除非自噬和酸性条件共同满足。

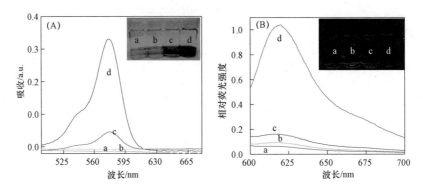

图 4-3　MiAzoR$_1$ 探针在不同条件下的可见吸收（A）和荧光发射光谱（B）
（A）(a) 5 μmol/L 的 MiAzoR$_1$ 溶液(pH 7.4)；(b) MiAzoR$_1$ 溶液与肝微粒和 NADPH 在缺氧条件下反应 60 min；
(c) 5 μmol/L 的 MiAzoR$_1$ 溶液（pH 4.5）；(d) 在（b）中加入 HCl 调节 pH 为 4.5

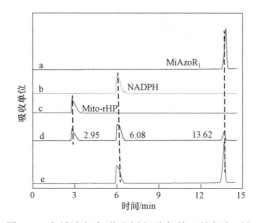

图 4-4　高效液相色谱分析各种条件下的保留时间

（a）MiAzoR$_1$；（b）NADPH；（c）Mito-rHP；（d）MiAzoR$_1$ 探针与肝微粒、NADPH 作用之后的产物；
（e）MiAzoR$_1$ 与失活肝微粒的反应产物

4.3.3　pH 滴定实验

探针 MiAzoR$_1$ 在发生还原反应之后，生成化合物 Mito-rHP 应该具有 pH 响应的性能，才能指示线粒体自噬。接下来考察了探针 Mito-rHP 在不同 pH 的缓冲溶液中，吸收和荧光的变化。如图 4-5（a）和（b）所示，随着 pH（从 9.0～4.0）的降低，由于 H^+ 的作用，吸收峰在 582 nm 处逐渐增强，同时伴随着荧光强度在 618 nm 处增强。如图 4-5（c）和（d）所示，定量结果表明 4～3 在 pH 6.0～4.0 的范围内具有很好的线性关系。

4.3.4　实验条件的优化

为了使反应达到最优的效果，在固定探针浓度的条件下，选用 MiAzoR$_1$ 对偶氮还原酶与探针的反应时间进行了优化。结果如图 4-6 所示，当反应时间为 60 min 时，荧光强度达到最大，因此我们选择 60 min 为最佳的反应时间。

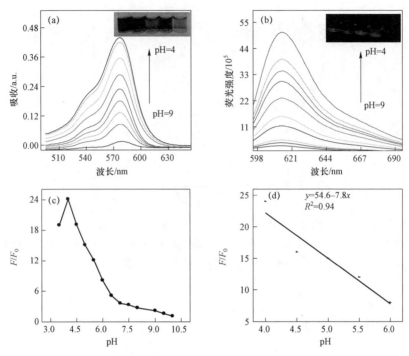

图 4-5 Mito-rHP 在不同 pH 缓冲溶液中的光学性质

（a）（b）探针 5-3 在不同 pH 缓冲溶液中的吸收和荧光光谱，箭头从下往上依次代表 pH 为 9.0，8.0，7.5，6.5，6.0，5.5，5.0，4.5，4.0；（c）pH 与荧光强度之间的曲线关系；（d）荧光强度与 pH 之间存在线性关系

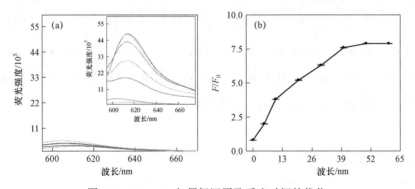

图 4-6　$MiAzoR_1$ 与偶氮还原酶反应时间的优化

4.3.5　选择性的考察

　　选择性是评价探针优劣的一个重要参数。与传统荧光探针不同的是

MiAzoR$_1$ 具有双重识别位点，因此其选择性需要考察缺氧和 H$^+$ 响应两个方面。首先考察偶氮还原酶识别位点的选择性。选取各种生物相关的物质，如 K$^+$、Na$^+$、Ca^{2+}、AA、GSH、Cys、ClO$^-$、活性氧（ROS）等，从图 4-7（a）可以看出，在反应之后改变 pH 的酸性，结果发现只有偶氮还原酶会引起荧光的增强，这一性质满足检测缺氧条件下线粒体的自噬。

目前，基于金属离子的配位作用诱导罗丹明衍生物螺环打开荧光恢复，设计了一系列阳离子荧光探针，因此要考察常见阳离子对 MiAzoR 螺环的影响。如图 4-7（b）所示，在细胞中常见的离子（如 K$^+$、Na$^+$、Mg^{2+}）、重金属以及过渡金属离子（如 Co^{2+}、Pb^{2+}、Zn^{2+}、Cd^{2+}、Cu^{2+}）存在时，MiAzoR$_1$ 与偶氮还原酶的反应在 pH=7.5 时没有明显的荧光增强（红色）。而反应之后调节溶液的 pH 为 4.5 时，无论有无金属离子，溶液的荧光都出现了极大的增强（黑色）。这一结果表明只有 H$^+$ 才能诱导螺环的开环。

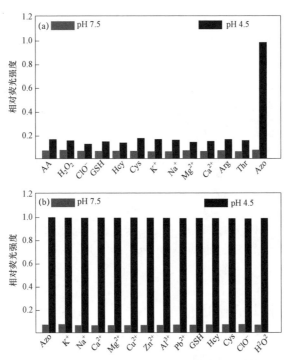

图 4-7　MiAzoR$_1$（10 μmol/L）与不同干扰物存在时的相对荧光强度考察，其中红色代表 pH 7.4，黑色代表 pH 4.5 的缓冲溶液

4.3.6 探针性能的比较

为了更加充分地研究缺氧诱导线粒体自噬的情况,设计了三种探针,如图 4-8 所示,$MiAzoR_1$、$MiAzoR_2$、$MiAzoR_3$ 主要的区别是偶氮苯连接的基团不同,其中 R_1 为磺酸基,R_2 为甲基,R_3 为氨基。接下来考察了三种探针在缺氧条件下与偶氮还原酶反应速率,三种探针的浓度均为 10 μmol/L,肝微粒和 NADPH 的浓度分别为 75.3 μg/mL 和 50 μmol/L,反应时间为 60 min。待反应结束后,调节溶液的 pH 为酸性,测量溶液的荧光强度。结果表明 $MiAzoR_1$(磺酸基)具有较快的反应速度,这主要是由于主体结构相似的分子中,$MiAzoR_1$ 分子偶极矩较大,偶氮键降解活性越高,因此反应速率也越快。

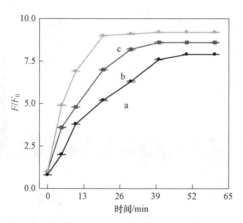

图 4-8 在肝微粒浓度固定的条件下,考察三种探针的反应速率
(a) $MiAzoR_1$;(b) $MiAzoR_2$;(c) $MiAzoR_3$

4.3.7 细胞毒性与自噬成像

在进行生物成像实验之前,使用 MTT 实验考察探针的生物相容性。HepG2 细胞与 $MiAzoR_1$、$MiAzoR_2$、$MiAzoR_3$ 共同培养 24 h 后,当探针

MiAzoR$_1$、MiAzoR$_2$、MiAzoR$_3$ 的浓度为 20 μmol/L 时，细胞仍具有较高的存活率（85%）。因此，MiAzoR 适合于细胞成像。

接下来，使用探针 MiAzoR$_1$（10 μmol/L）与 HepG2 细胞用于缺氧诱导线粒体自噬成像。如图 4-9（a），HepG2 细胞与 MiAzoR$_1$ 在正常含氧量的条件下孵育 8 h，观察到微弱的荧光并且 MiAzoR$_1$ 与 LTB 皮尔森共定位为 0.38，这主要是由于在正常含氧量的条件下，偶氮还原酶没有表达，MiAzoR$_1$ 中的偶氮键没有发生还原反应。与此同时，HepG2 细胞与 MiAzoR$_1$ 在 1%O$_2$ 条件下每隔 8 h 成像一次，共孵育 24 h［图 4-9（b）～（d）］。从红色通道中观察到随着培育时间的增加荧光强度逐渐增强（Mito-rHP），并且与蓝色通道（LTB）具有好的叠加，Pearson 共定位系数增加到 0.93（24 h 相对于 8 h）。

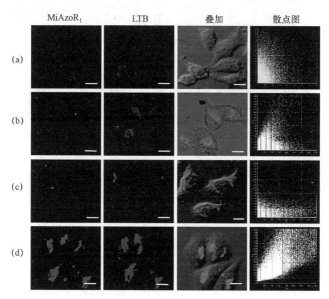

图 4-9　HepG2 细胞与 MiAzoR$_1$ 在不同条件下的荧光成像

（a）HepG2 细胞与 MiAzoR$_1$ 在常氧条件下共孵育 8 h；HepG2 细胞与 MiAzoR$_1$ 在缺氧条件下（1%O$_2$）共孵育 8 h（b）、16 h（c）和 24 h（d）；LTB 和 MiAzoR$_1$ 的浓度分别为 1 μmol/L，10 μmol/L；MiAzoR$_1$ 的 λ_{ex} = 559 nm，λ_{em} = 580～650 nm；LTB 的 λ_{ex} = 405 nm，λ_{em} = 420～500 nm，标尺为：10 μm

为了进一步验证荧光成像是由于缺氧诱导线粒体自噬引起的，接下来使用巴佛罗霉素 A（bafilomycin A，BFA）线粒体自噬抑制剂做对照试验。BFA 会使细胞内溶酶体 pH 碱化，进而抑制线粒体与溶酶体的融合。BFA 与 HepG2

细胞孵育 3 h，之后再与 MiAzoR$_1$ 在缺氧条件下孵育，此时仅有微弱的荧光信号可以被检测到［图 4-10（a）］。这一结果表明缺氧的条件下，没有线粒体自噬的发生，探针不会产生荧光。HepG2 细胞与羰基氰基 3-氯苯腙（carbonyl cyanide *m*-chlorophenyl hydrazone，CCCP，一种线粒体自噬引发剂）[238]，引起细胞膜电势的解耦联）共孵育 3 h 后再与 MiAzoR$_1$ 孵育。结果表明，即使有线粒体自噬的发生，也没有观察到明显的红色荧光［图 4-10(b)］。这些实验数据表明，我们构建的 MiAzoR$_1$ 可以特异性地用于缺氧诱导的线粒体自噬。

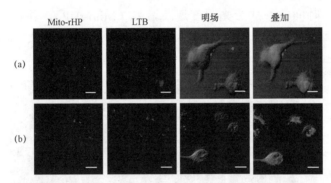

图 4-10　HepG2 细胞与 MiAzoR$_1$ 在不同条件下荧光成像

（a）加入 10 μmol/L 巴佛罗霉素 A 之后成像；（b）加入 CCCP 之后成像；LTB 和 MiAzoR$_1$ 的浓度分别为 1 μmol/L、10 μmol/L；MiAzoR$_1$ 的 λ_{ex} = 559 nm，λ_{em} = 580～650 nm；LTB 的 λ_{ex} = 405 nm；λ_{em} = 420～500 nm，标尺为：10 μm

4.3.8　探针成像的研究

设计的探针带有不同的电荷，除了在反应速率上的区别之外，进入细胞在定位上存在一定的差异。MiAzoR$_1$ 是带负电荷的磺酸基团，可以中和探针中的三苯基膦上的正电荷，总的分子不带电的。该探针分子进入细胞之后主要停留在细胞质中，在缺氧条件下与偶氮还原酶发生还原反应之后磺酸基消除，整个分子带正电荷（三苯基膦），最终靶向到线粒体进而指示线粒体自噬。MiAzoR$_2$、MiAzoR$_3$ 具有带正电荷的氨基，进入细胞之后直接靶向线粒体。成像结果表明缺氧 24 h 之后,可以在红色通道观测到红色荧光,从而揭示了线粒体内也含有偶氮还原酶(图 4-11)。

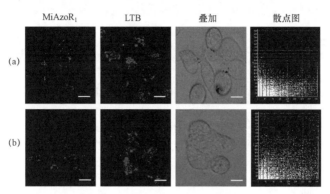

图 4-11　HepG2 细胞在与 MiAzoR$_2$、MiAzoR$_3$ 探针孵育之后荧光成像
(a) HepG2 细胞与 MiAzoR$_2$ 在缺氧条件下 (1%O$_2$) 共孵育 24 h;(b) HepG2 细胞与 MiAzoR$_3$ 在缺氧条件下 (1%O$_2$) 共孵育 24 h;LTB 和 MiAzoR$_{2-3}$ 的浓度分别为 1 μmol/L,10 μmol/L;MiAzoR$_{2-3}$ 的 λ_{ex} = 559 nm,λ_{em} = 580~650 nm;LTB 的 λ_{ex} = 405 nm;λ_{em} = 420~500 nm,标尺为:10 μm

4.4　结　论

设计了缺氧和线粒体自噬双激活的荧光探针分子 MiAzoR$_1$、MiAzoR$_2$、MiAzoR$_3$,主要的区别是偶氮苯连接的基团不同,其中 R$_1$ 为磺酸基,R$_2$ 为甲基,R$_3$ 为氨基。由于官能团的差异,导致荧光探针分子在反应速率,以及进入细胞成像定位上存在差异。结果表明三种探针具有非常好的线粒体自噬成像的效果,MiAzoR$_3$ 进一步证明线粒体内也含有偶氮还原酶。

第5章 基于SERS定量检测缺氧肿瘤细胞外泌体中microRNA的含量

5.1 引 言

MicroRNAs（miRNAs）是长度为18～25个核苷酸的一类非编码RNA小分子，它的表达水平可以反映肿瘤等疾病的不同阶段，并且在肿瘤转移过程中发挥着重要的作用[250-254]。研究表明，外泌体中含有大量核酸，如miRNAs、mRNA、线粒体DNA等[255,256]。外泌体膜是由磷脂双分子层构成，膜内的miRNAs可免受体液中RNA酶的降解。这一独特的优势使得外泌体miRNAs成为一种理想的非侵害的生物标志物用于疾病早期诊断。检测外泌体miRNAs经典的方法有：定量反转录聚合酶链式反应（qRT-PCR）、微阵列、northern印记等[257-259]。虽然这些策略对检测miRNAs提供了很大的帮助，但是这些方法操作过程复杂以及外泌体膜表面含有大量蛋白质，很容易引起干扰，因而限制了它们在实际中的应用[260]。电化学传感技术作为一种重要的检测方法，然而输出信号不稳定，为后续发展新方法提供了更多的空间[261,262]。

目前SERS光谱具有高灵敏度、低背景、抗光漂白以及适用于各种环境

第 5 章　基于 SERS 定量检测缺氧肿瘤细胞外泌体中 microRNA 的含量

等优势,在痕量检测化学和生物等物质成为了一种强有力的检测工具[263-265]。例如,Song 等发展了一种 DNA 调节的具有中间空隙的 SERS 纳米探针用于多通道同时检测 DNA 和 RNA 目标物[266]。在过去的十几年,由于金属纳米材料(如,金、银)具有强的表面等离子共振(SPR)的特性,在其表面修饰拉曼报告分子已广泛用于生物分子检测。但该方法的缺点是拉曼报告分子直接暴露在复杂的生物体环境中,引起 SERS 信号不稳定,阻碍了它的进一步应用[267]。

为了解决以上问题,通过结合稳定的 SERS 报告单元和双链特异核酸酶(duplex-specific nuclease,DSN)设计了新型的 SERS 分析策略用于外泌体中 miRNA 检测。整体而言,SERS 传感体系含有三个重要的组成部分:信号报告单元(R6G 吸附在 AuNPs 上,然后被 AgAu 合金壳包裹起来,命名为 ARANPs);识别单元(DNA 捕获探针,CP);分离单元(二氧化硅微珠表面功能化亲和素,SiMB)。CP 的 3'和 5'分别修饰了 SH 和生物素,这样 CP 可以通过 Au-S 键和生物素-亲和素的作用把 ARANPs 共价连接到 SiMB 上,形成 SiMB@CP@ARANPs。将 miRNA 加入上述体系中,miRNA 与 CP 形成异质双链,DSN 切割 CP[268-271],此时 miRNA 仍然完整且参与下一次反应。经过循环放大反应之后,无数的 ARANPs 被释放出来,产生强烈的 SERS 信号。

5.2　实验部分

5.2.1　试剂和仪器

主要试剂见表 5-1,所用试剂均未做进一步纯化,实验用水为过滤除菌高纯水(18.2 Millipore Co.,Ltd.,USA)。所有核酸序列订购于宝生物工程公司(大连,中国),实验所用序列见表 5-2,主要仪器见表 5-3。

表 5–1　化学试剂和生物材料

名称	规格型号	公司与产地
抗坏血酸（AA）	分析纯	J&K 有限公司
硝酸银（AgNO$_3$）	分析纯	J&K 有限公司
氢氧化钠（NaOH）	分析纯	国药集团化学试剂有限公司
罗丹明 6G（R6G）	分析纯	J&K 有限公司
柠檬酸三钠（Na$_3$Ct·2H$_2$O）	分析纯	国药集团化学试剂有限公司
十六烷基三甲基溴化铵（CTAB）	分析纯	国药集团化学试剂有限公司
亲和素修饰的硅颗粒（2 μm）	分析纯	Bangs 实验室
四水合氯金酸（HAuCl$_4$·4H$_2$O）	分析纯	国药集团化学试剂有限公司
双链特异性核酸酶（DSN）	分析纯	Evrogen 股份有限公司　俄罗斯

表 5–2　实验用到的核酸序列

Oligonucleotides	Sequence（5'-3'）
miRNA-21	UAG CUU AUC AGA CUG AUG UUG A
miRNA-141	UAA CAC UGU CUG GUA AAG AUG G
SM-21	UAG CUU CUC AGA CUG AUG UUG A
TM-21	UAG CUU CUC AGA CUG AUA UUG A
Capture Probe	Biotin-TTTTTTCAACATCAGTCTGATAAGCTATTTTT-SH

表 5–3　实验仪器

仪器名称	规格型号	公司与产地
原子力显微镜	SPI3800N-SPA400	Seiko Instruments Inc
高速冷冻离心机	CT15E	Hitachi 日本
紫外-可见分光光度计	Hitachi U-4100	Kyoto 日本
纳米粒度及 Zeta 粒度仪	Nano-ZS	Malvern 英国
高分辨透射电子显微镜	JEOL-1230	日本电子
激光共聚焦拉曼显微镜	Ram Lab-3010	Horiba Jobin Yvon 法国

5.2.2　金纳米颗粒的合成

根据之前的文献[272]，首先制备了典型的 13 nm 金颗粒（AuNPs）。1 mL 1% HAuCl$_4$ 水溶液与 50 mL 超纯水混合，加热到沸腾。在搅拌回流的条件下，迅速加入 2 mL 2.3%柠檬酸三钠水溶液，持续搅拌 20 min。溶液冷却至室温，储存于棕色瓶中备用。通过紫外-可见吸收光谱测得 AuNPs 的浓度大约为 4.6 nmol/L。

5.2.3　SERS 纳米标签的制备

9.0 μL 1 mmol/L 罗丹明 6G（R6G）乙醇溶液作为 Raman 报告分子加入到上述制备的 13 nm AuNPs 溶液中（3 mL，4.6 nmol/L），终浓度为 3 μmol/L。室温下孵育 30 min，8 500 r/min 离心 8 min 除去没有结合的 R6G，沉淀重新分散到水中形成 AuNP@R6G。接下来为了在 AuNP@R6G 表面形成银膜，称取 0.913 g CTAB 溶解在 50 mL 超纯水中，逐渐升温至 60 ℃，迅速加入 AA（5 mL，0.2 mol/L），$AgNO_3$（10 mL，20 mmol/L），3 mL AuNP@R6G。搅拌片刻之后，缓慢滴加 NaOH（0.6 mL，1 mmol/L），保持温度 60 ℃，搅拌 30 min。在上述溶液中缓慢滴加 $HAuCl_4$（6.4 mL，1 mmol/L）用来刻蚀银膜，最终形成 Au@R6G@AgAuNPs（ARANPs）中空 SERS 纳米标签[273]。

5.2.4　SERS 纳米标签内 R6G 含量的测定

9.0 μL 1 mmol/L R6G 溶液加入到 13 nm AuNPs（3 mL，4.6 nmol/L）终浓度为 3 μmol/L。室温条件下反应 30 min，然后以 8 500 r/min 离心去除没有修饰在 AuNPs 颗粒表面的 R6G。沉淀重新分散在水中。经过三次离心洗涤，确保去除没有修饰在 AuNPs 表面的 R6G。最后，使用 CTAB 表面活性剂溶液（1 mL，0.01%）分散于 AuNPs@R6G。CTAB 可取代 AuNPs 表面的 R6G。通过紫外-可见吸收光谱计算得到 R6G 的浓度，然后通过 R6G 的总浓度除以 AuNPs 的数量，即可得知每一个 AuNP 表面上修饰的 R6G。

5.2.5　基底增强因子的测量

采用标准方法，计算了 ARANPs 的增强因子，公式如下：

$$EF = \frac{I_{\text{SERS}} \times N_{\text{bluk}}}{I_{\text{bulk}} \times N_{\text{SERS}}} \tag{5-1}$$

其中，I_{SERS} 和 I_{bulk} 分别代表 SERS 信号强度和 Raman 信号强度。N_{SERS} 为激光照射的区域 R6G 修饰在 SERS 基底上的数量，而 N_{bluk} 代表激光照射区域溶液中 R6G 的数量。对于所有光谱而言，激光的面积为 5 μm²，选用 1 392 cm^{-1} 拉曼峰强度来计算 EF 值。

$$EF = (4.25 \times 10^4 \times 2.58 \times 10^{-19} \times 6.02 \times 10^{23})/(10.5 \times 5.2 \times 10^{-23} \times 6.02 \times 10^{23}) = 2.08 \times 10^7$$

5.2.6　SERS 传感体系的制备

CP 通过 Au-S 键和生物素-亲和素作用把 ARANPs 共价修饰在 SiMBs 表面上。简单而言，CP（20 μL，2.5 μmol/L）加入到亲和素修饰的 SiMBs 溶液中（500 μL，0.1 mg/mL）室温下孵育 1 h。反应完之后，1 000 r/min 离心 10 min 去除游离的 CP，重新分散到 PBS 缓冲溶液中。新鲜制备的 ARANPs 加入到 SiMB@CP 溶液中，加入 NaCl 使其终浓度为 50 mmol/L，常温条件下老化 10 h。1 000 r/min 离心 10 min 除去游离的 ARANPs 纳米颗粒。沉淀重新分散到 PBS 缓冲溶液中，置于 4 ℃避光保存待用。

5.2.7　SiMB 表面 ARANPs 的含量测定

修饰在 SiMBs 表面的 ARANPs 含量通过紫外-可见吸收光谱测量得到。首先，修饰之前的总 ARANPs 吸收为 A_1。在与 SiMBs 修饰之后，离心收集上清测得 ARANPs 的吸收为 A_2。修饰在 SiMBs 表面上的 ARANPs 吸收为 $A_1 - A_2$。通过 ARANPs 的吸收标准曲线可以得知修饰在 SiMBs 上 ARANPs 的个数，再除以 SiMBs 的个数，即可得知每个 SiMB 表面上 ARANPs 的数量。

5.2.8　聚丙酰胺凝胶电泳（PAGE）

将配制好的 12%丙烯酰胺溶液缓慢注入到垂直玻璃板内，灌胶完成之后，加入少量水密封胶口。当胶面与水之间有一条明显的界限时，表明胶已凝固。每个样品中加入 6×Loading Buffer，最终浓度为 0.5×Loading Buffer。上样结束后接通电源，在 1×TBE（89 mmol/L Tris base，89 mmol/L Boric acid，2 mmol/L EDTA，pH 8.0）电解液中使 DNA 发生迁移。电泳结束之后，将凝胶放入 SYBR Green 中染色，成像。

5.2.9　外泌体的提取

复苏好的 A549、293 细胞用含 10%胎牛血清的 DMEM 培基在 37 ℃、5%CO_2 细胞培养箱中培养。当细胞生长到 70%的情况下，吸出培养基用 PBS 清洗两次，加入新鲜培养基在缺氧条件下培养 48 h。使用传统高速离心的方法收集外泌体[274]。简而言之首先取出培基，4 000 r/min 离心 30 min 去除细胞。然后收集上清继续离心，10 000 r/min 离心 30 min 去除细胞碎片，用 0.22 μm 滤膜过滤。过滤后的上清液，使用 50 000 r/min 离心 1 h，收集外泌体沉淀颗粒。将沉淀重新分散到 PBS 中，再次以 50 000 r/min 离心 1 h，重新分散到 PBS 中，放置 −80 ℃备用。

5.2.10　RNA 的提取

使用 RNA 提取剂 Trizol 来提取外泌体中总的 RNA[275]。首先把新鲜提取的外泌体稀释到 1 mL Trizol Lysis 中，混匀后室温放置 5 min，使蛋白完全分解；加入 0.2 mL $CHCl_3$，震荡混匀放置 20 min；4 ℃ 1 000 r/min 离心 10 min，收集上清；加入等量的异丙醇，冰浴 10 min，4 ℃ 1 000 r/min 离心 20 min，可以看到 RNA 以片状沉淀在离心管底部，移去上清溶液，加入 1 mL 75%乙醇溶液来洗脱 RNA 沉淀，4 ℃ 8 000 r/min 离心 5 min，弃去上清，真空干燥 5~10 min。最后使用 50 μL buffer 溶液溶解，将 RNA 样品储存于 −80 ℃ 备用。

5.3 结果与讨论

5.3.1 实验设计原理

我们通过结合稳定的 SERS 报告单元和 DSN 设计了新型的 SERS 分析策略用于缺氧肿瘤细胞外泌体中 miRNA 的分析检测。从整体而言，SERS 传感体系由三部分组成：信号报告单元（R6G 吸附在 AuNPs 上，然后被 AgAu 合金包裹起来，命名为 ARANPs）；识别单元（DNA 捕获探针，CP）；分离单元（二氧化硅微珠表面功能化亲和素，SiMBs）。首先，我们制备了具有纳米间隙可以产生 SERS 热点的 ARANPs，作为稳定的信号报告单元[图 5-1(a)]。CP 作为识别单元，它的序列与目标物外泌体 miRNA 是完全互补。SiMB 为分离单元可有效地消除非目标物或者蛋白质引起的假信号。CP 的 3' 和 5' 分别修饰了 SH 和生物素，这样 CP 可以通过 Au-S 键以及生物素-亲和素把 ARANPs 共价连接到 SiMB 上，形成 SiMB@CP@ARANPs。另外，考虑到外泌体 miRNA 的含量低，DSN 表现出一种强烈的选择切割 DNA/RNA 异质链中的 DNA，而对单链 DNA 或者单链 RNA 没有切割作用，因此可用来促进信号放大和确保高的灵敏度。

如图 5-1（b）所示，将缺氧肿瘤细胞产生的外泌体分离提取出 miRNAs，加入到上述体系中，目标物 miRNAs 通过碱基互补配对与 CP 形成异质双链。此时，CP 被 DSN 特异性地切割，导致 SERS 信号报告单元从 SiMB 表面释放。与此同时，目标物 miRNA 仍然完整且参与下一次的目标物循环放大。经过循环放大之后，无数的 ARANPs 被释放出来，产生强烈的 SERS 信号。

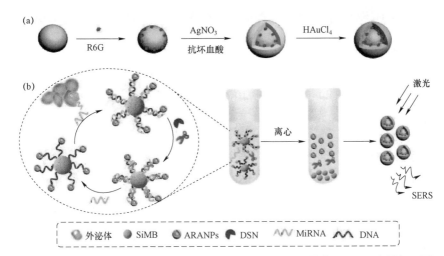

图 5-1　ARANPs 合成示意图（a）和基于 SERS 定量检测外泌体中 miRNA 含量机理图（b）

5.3.2　中空 SERS 纳米标签的表征

首先合成稳定性良好的 SERS 信号输出单元。将直径为 13 nm 的 AuNPs 与拉曼报告分子罗丹明 6G（R6G）共孵育形成 AuNP@R6G 作为内核。相应的 TEM 图和 UV-vis 表征如图 5-2 所示。结果表明 AuNPs 在修饰 R6G 之后，形貌和吸收没有很大的改变。

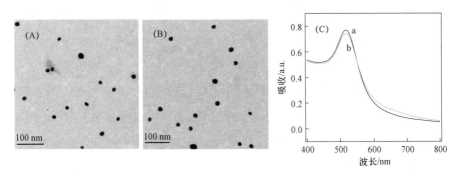

图 5-2　AuNPs 及 AuNP@R6G 的表征
（A）AuNPs 的 TEM 图；（B）AuNP@R6G 的 TEM 图；
（C）AuNPs（a）和 AuNP@R6G（b）的吸收光谱图

接下来，通过温和的还原剂（抗坏血酸）将 $AgNO_3$ 还原成 Ag 原子，沉积在 AuNPs@R6G 的表面形成 Au@R6G@AgNPs。溶液的颜色由酒红色变成了浅橘色，430 nm 处为银的吸收峰。进一步加入 $HAuCl_4$ 发生置换反应刻蚀 Au@R6G@AgNPs 的银层，形成中空的 ARANPs 纳米 SERS 标签。简而言之，当加入 $HAuCl_4$ 或者 $PdCl_2$，Au@R6G@AgNPs 作为金属前驱体，$[AuCl_4]^-$ 或者 $[PdCl_4]^{2-}$ 氧化 Ag 原子为 AgCl 导致形成中空的纳米颗粒。目前，置换反应是制备中空纳米金属纳米结构常见的方法[276]。最明显的变化是 430 nm 处银的吸收峰降低，而在 580 nm 出现新的吸收峰，同时溶液的颜色也变为棕褐色[图 5-3（A）]。通过 TEM 发现，AuNPs@R6G 的表面有 4～6 nm 的银壳形成，在发生刻蚀之后会形成较小的空隙，如图 5-3（B）白色的箭头所示。另外，动态光散射（DLS）测量 Au@R6G@AgNPs 和 ARANPs 的水合粒径分别为 25～30 nm 和 18～23 nm[图 5-3（C）]。为了清楚地表征 ARANPs 的元素分布，进一步使用高分辨透射电子显微镜（HRTEM）来绘制 Au、Ag 元素的分布。如图 5-3（D）所示，ARANPs 纳米颗粒为金-银混合并且随机分布。以上结果表明我们成功制备了 ARANPs 纳米颗粒。

在表征了 ARANPs 的微观结构之后，接下来进一步考察不同纳米结构的 SERS 效果。首先优化 AuNPs 表面上修饰的拉曼报告分子 R6G 的量[图 5-4（A）]，结果表明在最优条件下每个 AuNP 上 R6G 的分子数为 522。当 AuNPs 没有与 R6G 孵育，观察不到明显的 SERS 峰。形成 AuNR@R6G 之后，可以观察微弱的 SERS 峰。而在 AuNR@R6G 的表面形成银膜之后，拉曼强度增强 10.5 倍，这主要是由于金属银具有增强拉曼散射的效果。当银壳被 $HAuCl_4$ 刻蚀之后形成 ARANPs，拉曼散射强度增大了 408 倍，表明在 ARANPs 的内部形成纳米间隙产生 SERS 热点，从而达到表面增强拉曼散射的效果[图 5-4（B）]。另外，通过加入干扰物质，如 H_2O_2、HClO 等考察了 ARANPs 的稳定性。结果表明在加入干扰物质之后，SERS 强度没有发生明显的变化，如图 5-4（B）内插所示。同时，计算了 ARANPs 的增强因子（EF）为 2×10^7。以上结果表明，制备的 ARANPs 纳米颗粒作为 SERS 信号标签具有潜在的优

第 5 章 基于 SERS 定量检测缺氧肿瘤细胞外泌体中 microRNA 的含量

势可用于下一步应用中。

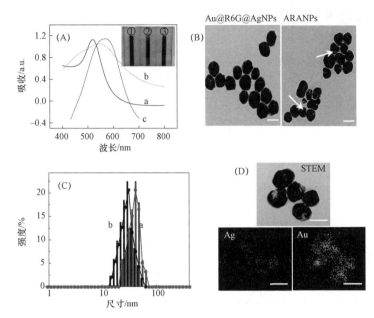

图 5-3 ARANPs 制备过程的表征

(A) AuNP@R6G(a), Au@R6G@AgNPs(b), ARANPs(c) 的吸收光谱图, 插图为 AuNPs@R6G①, Au@R6G@AgNPs② 和 ARANPs③ 的图片; (B)Au@R6G@AgNPs, ARANPs 的 TEM 图; (C)Au@R6G@AgNPs (a), ARANPs(b) 的 DLS 图; (D) 高分辨透射电子显微镜元素绘制 ARANPs, 标尺: 20 μm

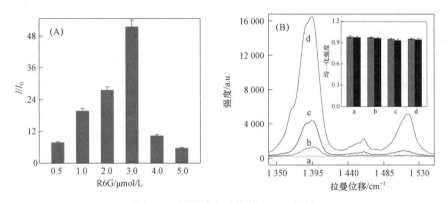

图 5-4 不同纳米结构的 SERS 效果

(A) 优化 R6G 的用量; (B) AuNPs(a)、AuNP@R6G(b)、Au@R6G@AgNPs(c) 和 ARANPs(d) 的 SERS 光谱图, 内插: ARANPs 的 SERS 稳定性

5.3.3 实验可行性的研究

由于外泌体中 miRNA 的含量是低丰度的,因此使用 DSN 来放大信号,提高灵敏度[277]。miRNA-21 是一种潜在的肿瘤标记物,相比于正常人含量偏高。因此,选择 miRNA-21 作为设计的目标物。如图 5-5（A）所示,1 道表示 CP（浓度 1 mmol/L）；2 道表示 miRNA-21（浓度为 1 mmol/L）；3 道表示 CP 加 DSN；4 道表示 miRNA-21 加 DSN；5 道表示 CP 与 miRNA-21 杂交；6 道表示 CP 与 miRNA-21 杂交加入失活的 DSN；7 道表示 CP 与 miRNA-21 杂交加入 DSN，其中 CP、miRNA-21、DSN 的浓度分别为 1 mmol/L、1 mmol/L、0.3 U；聚丙烯酰胺凝胶电泳（PAGE）7 道结果表明,DNA 与 miRNA 杂交形成双链后与 DSN 孵育,双链被降解成几个长度的碱基,浅色条带表明有部分仍没有发生降解。受这一启发,DSN 切割 DNA/miRNA 双链中的 DNA,我们设计了一个新的 SERS 纳米探针用于外泌体中 miRNA 的检测。CP 的 3'和 5'分别修饰了 SH 和生物素,这样 CP 可以通过 Au-S 键以及生物素-亲和素的作用把 ARANPs 共价连接到 SiMB 上,形成 SiMB@CP@ARANPs。定量结果表明,一个 SiMB 表面上大约修饰 240 个 ARANPs 表面增强拉曼标签。接下来考察 SERS 强度与 miRNA 之间的关系。如图 5-5（B）所示,在 SERS 传感体系（SiMB@CP@ARANPs）中没有目标物 miRNA-21 和 DSN 的情况下,离心之后没有观察到明显的 SERS 信号。这主要是 ARANPs 通过 CP 仍修饰在 SiMB 的表面（曲线 a）。而在目标物 miRNA-21 和 DSN 存在的情况下,DNA/miRNA 结合形成异质双链,DSN 与体系充分反应之后,离心分离收集上清,发现 SERS 信号极大地增强,表明大量的 ARANPs 表面增强拉曼标签从 SiMB 表面脱落下来（曲线 b）。在对照实验中（曲线 c 和 d）,没有 DSN 或者目标物 miRNA-21,都没有观察到 SERS 信号,进一步表明 DSN 起到了信号放大的作用。所有

第 5 章 基于 SERS 定量检测缺氧肿瘤细胞外泌体中 microRNA 的含量

这些结果表明，SERS 传感体系结合 DSN 辅助放大可以潜在应用于外泌体 miRNA 的检测。

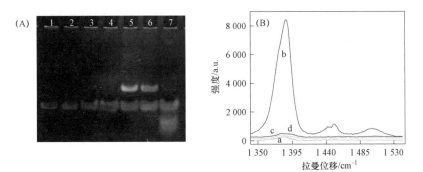

图 5-5 实验可行性验证

(A) 聚丙烯酰胺凝胶电泳（PAGE）验证实验机理的可行性；
(B) SERS 传感体系（SiMB@CP@ARANPs）在不同条件下的 SERS 光谱图：
同时没有目标物 miRNA-21 和 DSN（曲线 a），目标物 miRNA-21 和 DSN 同时存在（曲线 b），
没有目标物 miRNA-21（曲线 c）或者没有 DSN（曲线 d）；
miRNA-21 和 DSN 的浓度分别为 18 pmol/L 和 0.3 U

5.3.4 实验条件的优化

为了得到高灵敏检测的效果，优化了所有的实验条件，包括：孵育时间、温度以及 DSN 的浓度。如图 5-6 所示，优化实验结果表明：最佳的反应时间为 60 min，反应温度为 50 ℃，DSN 的量为 0.3 U。

5.3.5 miRNA 的检测

在最优实验条件下，测量了 SERS 信号强度与 miRNA-21 浓度之间的关系。定量结果表明检测的浓度范围为 12 fmol/L～18 pmol/L，检出限为 5 fmol/L（图 5-7）。

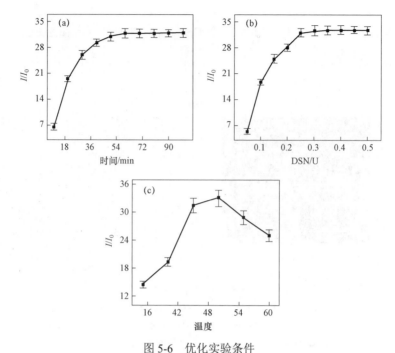

图 5-6 优化实验条件
（a）反应时间的优化；（b）反应温度的优化；（c）DSN 用量的优化

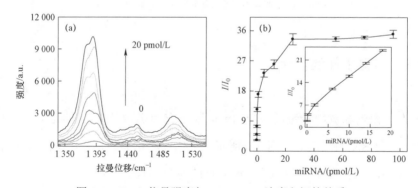

图 5-7 SERS 信号强度与 miRNA-21 浓度之间的关系
（a）基于 SERS 方法在缓冲溶液中定量检测 miRNA-21，箭头所指 SERS 信号随着 miRNA-21 浓度的变化而变化（miRNA-21 的浓度依次为：0，0.005，0.025，0.125，1，9，18，20 pmol/L）；（b）随着 miRNA-21 浓度的增加，SERS 信号强度增强；测量条件：5 mmol/L Mg^{2+}，pH 6.5，反应时间 60 min，反应温度 50 ℃

特异性对于检测 miRNA-21 是非常必要的。由于 miRNA-21 存在高度相似的序列，仅有几个碱基的区别。因此我们做了一系列对照实验，包括单碱基错配（SM-21），两个碱基错配（TM-21）以及完全不互补的 miRNA-141（序列见表 5-2）用来评价该设计方法的特异性。如图 5-8（A）所示，在加入 SM-21 和 TM-21，具有微弱的 SERS 信号增加，（I/I_0，分别代表加入 miRNA-21 之前和之后的 1 392 cm^{-1} 处的 SERS 峰强度）。而加入 miRNA-141 之后，几乎没有 SERS 强度的变化［图 5-8（B）］。这主要是由于 DSN 能够很好的区分错配 DNA/miRNA 双链。

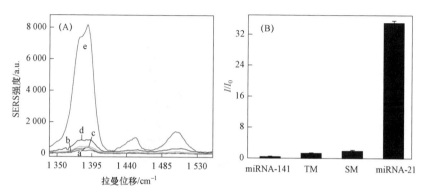

图 5-8　SERS 检测体系的特异性考察与干扰物质对 SERS 信号强度的影响
（A）SERS 检测体系的特异性考察；（B）干扰物质对 SERS 信号强度的影响

5.3.6　缺氧外泌体中 miRNA 的检测

通过高速离心的方法收集到缺氧细胞分泌的外泌体。采用 TEM 和原子力显微镜（AFM）进行表征，结果如图 5-9（a）和（b）所示，粒径分布均一，大约为 70 nm，与文献报道的相一致[278]。在外泌体数量相同的情况下（3.25×10^{12}），使用 Trizol 提取外泌体中的 RNA，考察人正常上皮细胞（293），肺癌细胞（A549）在缺氧和常氧状态下外泌体中 miRNA-21 的含量。结果如图 5-9（c）所示，肿瘤细胞在缺氧状态下外泌体中 miRNA-21 的含量比常氧状态下含量高达大约 2 倍。正常细胞在缺氧和常氧状态下外泌体的提取物与空白组 SERS 信号几乎相一致。其中 I/I_0 代表加入提取物后与加入前 1 392 cm^{-1} 处的 SERS 峰强度的比值。

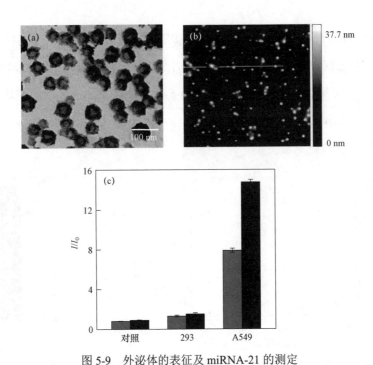

图 5-9 外泌体的表征及 miRNA-21 的测定
（a）外泌体的 TEM 图；（b）原子力成像图；（c）在常氧和缺氧条件下 293、A549 细胞外泌体提取 miRNA-21 的 SERS 响应

5.4 结 论

  通过结合稳定的 SERS 报告标签和 DSN 设计了新型的 SERS 分析策略，实现了缺氧肿瘤细胞外泌体 miRNA-21 的检测。MiRNA-21 的检测浓度范围为 12 fmol/L～18 pmol/L，检出限为 5 fmol/L。检测细胞外泌体中 miRNA-21 结果表明肿瘤细胞在缺氧条件下外泌体中 miRNA-21 较常氧状态下含量高达大约 2 倍。该方法具有好的性能是由于以下原因：① DSN 起到信号放大的作用，一个目标物外泌体 miRNA 可以释放无数个 SERS 报告单元；② SiMB 的分离效果和稳定的拉曼信号标签 ARANPs 确保可靠地检测外泌体中 miRNA-21，提高了灵敏度。

第 6 章 比率型荧光纳米探针用于信号放大检测细胞内端粒酶的活性

6.1 引 言

端粒酶是一种特殊的逆转录酶，通过在端粒末端添加重复片段，从而使细胞达到无限繁殖的能力[279-281]。研究表明 80%肿瘤细胞可以检测到端粒酶活性，然而在正常细胞内端粒酶活性缺失[282,283]。因此，端粒酶是肿瘤疾病诊断和预后的生物标志物[284-286]。但是在肿瘤细胞内端粒酶丰度较低[287]。因此，开发高灵敏、可靠的方法用于检测端粒酶在临床、药物筛选以及治疗等方面具有非常重要的意义。

在过去的十几年，研究人员已经构建了很多策略用于端粒酶活性的检测，包括基于端粒重复放大——聚合酶链式反应、电化学法、比色法、表面增强拉曼散射法以及荧光法[288-294]。例如，Willner 等设计了三个传感平台（光学、电学和表面等离子共振）同时检测细胞内端粒酶的活性[295]。Chen 等报道了一个简单的免 PCR 比色方法用于可视化检测端粒酶活性[296]。在这些方法中，荧光共振能量转移技术（FRET）可同时记录两个不同波长处的荧光强度，具有可靠的检测结果广泛用于生物成像和传感[297-300]。近年来，量子点（QDs）因其具有高的量子产率、窄的发射峰以及抗光漂白能力，引起广泛的关注[301-305]。尤其 QDs 表现出较大 Stocks 位移，使得 QDs 是制备

FRET 生物传感器的最佳能量供体[306]。鉴于 QDs 以上的优点,研究者已成功制备了一系列基于 QDs-FRET 的纳米探针用于生物传感和成像[307-309]。例如,Zhang 等设计了 QDs-FRET 纳米探针用于检测脂肪量和肥胖相关的去甲基酶抑制剂[310]。Qu 等设计了一个基于 QDs-FRET 的 DNA 纳米探针用于检测细胞内端粒酶的活性[311]。然而,即使在端粒酶高表达的肿瘤细胞内,端粒酶的丰度依然很低,上述传感器只能一对一输出信号,导致检测的灵敏度不足。因此,发展高灵敏检测端粒酶活性的方法十分必要。

在本章中,设计了一种新型放大的 FRET 纳米探针用于高灵敏检测细胞内端粒酶活性。如图 6-1 所示,纳米探针(QD_{SA}@DNA)由 QDs 通过生物素-链霉亲和素相互作用修饰上端粒酶引物(TP)和信号转换序列(SS)构成。SS 形成发夹结构,它的环部与端粒酶延伸的重复序列互补。为了定量检测端粒酶的活性,SS 的 5'端标记 Cy5,作为荧光受体。当纳米探针组装后,Cy5 与 QD_{SA} 邻近,产生高效的 FRET 效应。若存在端粒酶,端粒酶识别 TP 并将 TP 延伸产生重复序列。随后,延伸的序列与 SS 杂交形成双链结构远离

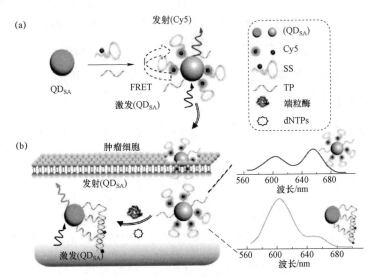

图 6-1 QD_{SA}@DNA 纳米探针用于原位监测端粒酶活性机理图
(a)端粒酶延伸 TP,导致荧光比(F_{QDsa}/F_{Cy5})增强;
(b)QD_{SA}@DNA 纳米探针用于比例监测活细胞中端粒酶活性

QD$_{SA}$ 表面，Cy5 与 QD$_{SA}$ 产生较低的 FRET 效应。由于端粒酶会产生多个重复序列，因而多个发夹结构被打开，产生荧光比率信号的转变。基于上述信号放大策略，端粒酶活性检测可低达 45 HeLa cells/μL。QD$_{SA}$@DNA 有效检测细胞内端粒酶活性，为肿瘤诊断及端粒酶相关药物的筛选提供了潜在的平台。

6.2　实验部分

6.2.1　试剂和仪器

主要试剂及仪器分别见表 6-1 和表 6-2，所用试剂均未做进一步纯化，实验用水为过滤除菌高纯水（18.2 Millipore Co., Ltd., USA）。所有核酸序列订购于宝生物工程公司（大连，中国），实验所用 DNA 序列见表 6-3。

表 6-1　化学试剂和生物材料

名称	规格型号	公司与产地
链霉亲和素修饰 CdSe/ZnS 量子点	分析纯	武汉珈源量子点有限公司
DNase I 内切酶	分析纯	北京索莱宝生物技术有限公司
3′-叠氮-3′-脱氧胸苷（AZT）	分析纯	Sigma-Aldrich 有限公司
CHAPS 裂解缓冲溶液	分析纯	Millipore 有限公司
MTT	分析纯	碧云天生物技术有限公司
dNTPs	分析纯	Sigma-Aldrich 有限公司
Bst DNA 聚合酶	分析纯	上海生工有限公司
DEPC 水	分析纯	北京索莱宝生物技术有限公司

表 6-2　实验仪器

仪器名称	规格型号	公司与产地
高速冷冻离心机	CT15E	Hitachi 日本
紫外-可见分光光度计	Hitachi U-4100	Kyoto 日本
纳米粒度及 Zeta 粒度仪	Nano-ZSE	Malvern 英国
高分辨透射电子显微镜	FEI-Tecnai	日本电子
激光共聚焦荧光显微镜	TCS SP8	Leica 德国

表 6-3　实验用到的核酸序列

寡核苷酸	序列（5'-3'）
TP	Biotin-TTT TTT TTT TAA TCC GTC GAG CAG AGT T
SS	Cy5-CGT TAG CCC TAA CCC TAA CCC TAA CGT T-Biotin

6.2.2　QDSA@DNA 纳米探针的制备

首先，将 SS（10 μmol/L）65 ℃ 10 min 后，冷却至室温 2 h 用于制备发夹结构。然后，将 80 μL 1 μmol/L QD$_{SA}$ 与发夹结构 SS 及端粒酶引物 TP 在延伸溶液中作用 2 h。随后，通过超滤离心去除多余的 TP 和 SS。最后，将 QD$_{SA}$@DNA 纳米探针置于 ET 缓冲溶液中用于后续实验。

6.2.3　琼脂糖凝胶电泳实验

20 μL 10 μmol/L TP、20 μL 10 μmol/L SS、10 μL 2 mmol/L dNTP 分别与 HeLa 细胞提取物以及加热失活的 HeLa 细胞提取物 37 ℃作用 1 h 制备样品 1 和 2。采用 3%琼脂糖凝胶电泳在 0.5×TBE 缓冲溶液中 110 V 恒压条件下实验 80 min。之后在显微成像系统下观察电泳情况。

6.2.4　细胞培养和端粒酶的提取

HeLa 细胞和 L-O2 细胞生长在含 10%胎牛血清、1%双抗的 MEM 培养基中。HeLa 细胞、L-O2 细胞在指数增长期采用胰酶进行消化并用 PBS 清洗两次。然后，将每毫升 2×10^6 个细胞悬浮于 200 μL 预冷的 CHAPS 裂解缓冲溶液中，置于冰上 30 min 后，12 000 r/min 4 ℃离心 20 min。最后，将上清液收集保存于 −80 ℃备用。

6.2.5 溶液相端粒酶活性的检测

不同体积端粒酶提取物加入到纳米探针溶液中。37 ℃条件下培养 1 h，采用荧光分光光度计检测荧光强度（E_x = 545 nm，E_m = 565 – 750 nm）。作为对照，端粒酶提取物 95 ℃加热 10 min。

6.2.6 细胞内端粒酶活性的检测

HeLa、L-O2 细胞分别接种在共聚焦皿上培育 24 h 后，将纳米探针加入到共聚焦皿中，37 ℃孵育 4 h。细胞使用 PBS 清洗后在共聚焦荧光显微镜上成像。为了验证 QD$_{SA}$@DNA 的特异性将不同浓度的端粒酶抑制剂 AZT（0、5、10、20 μmol/L）分别加入到培养皿中，37 ℃培养 48 h，然后加入 QD$_{SA}$@DNA 纳米探针，在共聚焦显微镜下获取荧光图像。荧光图像的激发光为 514 nm，QDSA 和 Cy5 通道发射波长分别在 570～620 nm 和 645～700 nm 处收集。

6.3 结果与讨论

6.3.1 QD$_{SA}$@DNA 纳米探针的表征

QD$_{SA}$@DNA 纳米探针是由 QD$_{SA}$ 与 DNA 通过生物素-链霉亲和素相互作用制备而成。TEM 结果表明 QD$_{SA}$@DNA 纳米探针为球形形貌，粒径平均大小为 48 nm，分散性好［图 6-2（A）］。QD$_{SA}$ 表面修饰 DNA 后，在紫外-可见吸收光谱中，QD$_{SA}$@DNA 的典型吸收峰在 223～227 nm 之间出现了红移。与未修饰的 QD$_{SA}$ 相比，在 260 nm 处出现 DNA 特征峰，表明 DNA 成功修

饰在 QD_{SA} 的表面 [图 6-2（B）]。同时，动态光散射（DLS）结果表明 DNA 组装后的平均尺寸从 38.2 nm 增加到 64.7 nm [图 6-2（C）]。Zeta 电位结果表明 QD_{SA}@DNA 纳米探针比 QD_{SA} 具有更多的负电荷，进一步证实 DNA 与 QD_{SA} 的成功结合 [图 6-2（D）]。根据吸光度定量分析估计 QD_{SA} 上组装的 DNA 数量约为 18 个。由于 TP 与 SS 的配比对荧光比的增强起着至关重要的作用，因此对 SS 与 TP 的摩尔比进行了优化。结果表明，当 SS 与 TP 的摩尔比为 3:1 时，荧光响应（$F_{QD_{SA}}/F_{Cy5}$）达到最大，并在随后的实验中使用该摩尔比。

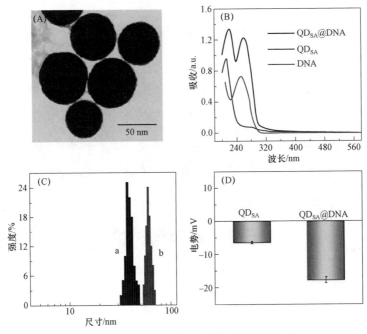

图 6-2　QD_{SA}@DNA 纳米探针的表征

(A) QD_{SA}@DNA 纳米探针的 TEM 图像；(B) QD_{SA}，DNA 和 QD_{SA}@DNA 纳米探针的紫外可见吸收光谱图；(C) QD_{SA}（a）和 QD_{SA}@DNA（b）纳米探针的 DLS；(D) QD_{SA}、QD_{SA}@DNA 纳米探针的 Zeta 电位

6.3.2　可行性的验证

为了评估纳米探针用于端粒酶分析的可行性，在 37 ℃下，将 dNTPs 和

第6章 比率型荧光纳米探针用于信号放大检测细胞内端粒酶的活性

端粒酶提取物加入到纳米探针 1 h 后，测量荧光发射光谱。与没有添加端粒酶提取物的荧光光谱相比，加入端粒酶提取物后，荧光比（F_{QDsa}/F_{Cy5}）显著增强 [图 6-3（A）]。同时，加入热处理过的端粒酶提取物或 CHAPS 裂解缓冲液后，F_{QDsa}/F_{Cy5} 无明显变化，提示 QD_{SA}@DNA 纳米探针的 F_{QDsa}/F_{Cy5} 增强是端粒酶激活所致。检测机制为：端粒酶将 TP 延伸，产生的重复单元与 SS 杂交形成双链 DNA 远离 QDSA 表面，导致 QD_{SA} 荧光增强，Cy5 荧光减弱。

进一步采用凝胶电泳验证该反应的可行性。如图 6-3（B）所示，与 TP 或 SS 的单条带（第 2、3 道）相比，TP 和 SS 与端粒酶提取物（第 5 道）孵育时，可以观察到较长的条带。这可以归因于延长后的 TP 产物与 SS 杂交，形成了更大分子量的 DNA 复合物。而在 TP 与 SS 混合的情况下，端粒酶灭活提取物加热（6 道）孵育后未见明显变化。此外，为了消除聚合酶共存导致的 TP 非特异性伸长。在 HeLa 提取物中，用 RNase A 灭活端粒酶的 RNA 依赖活性，然后加入 QDSA@DNA 纳米探针溶液中。37 ℃孵育 1 h 后，测量荧光发射光谱。结果表明，混合物的荧光比没有明显变化。总之，这些结果证实 QDSA@DNA 纳米探针信号变化是由端粒酶所引起，可用于检测端粒酶活性。

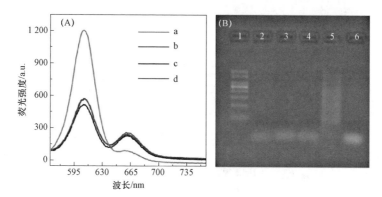

图 6-3　QD_{SA}@DNA 纳米探针对端粒酶活性的响应评价

（A）荧光发射光谱（$E_m = 565 \sim 750$ nm），在存在端粒酶提取物（a），不含端粒酶提取物（b），热处理的端粒酶提取物（c），CHAPS 裂解缓冲液的情况下制备 QD_{SA}@DNA 纳米探针（d）；（B）端粒酶延伸及杂交的琼脂糖凝胶电泳分析：1 道代表 DNA marker，2、3 道分别代表 TP 和 SS，4、5 道分别代表 TP 和 SS 不加粒酶提取物和端粒酶提取物孵育的混合物，6 道代表 TP 和 SS 与失活端粒酶提取物孵育的混合物；TP，SS 和端粒酶的浓度提取液分别为 1.0 μmol/L、1.0 μmol/L、10 μL

6.3.3 端粒酶活性的检测

为达到最佳的分析性能,对实验参数进行了优化,如反应温度、反应时间等。在最优的条件下,将 QD_{SA}@DNA 纳米探针与一系列含有不同细胞数的细胞提取物作用,然后记录荧光光谱。如图 6-4(a)所示,当反应体系中加入 0~6 000 个 HeLa 细胞时,供体(QD_{SA})和受体(Cy5)的荧光强度呈现出明显相反的趋势。此外,荧光强度比(F_{QDsa}/F_{Cy5})与 HeLa 细胞数量呈正相关,线性范围为 80~500;1 000~6 000 [图 6-4(b)]。标定方程分别为 $Y_a=0.01(X)+1.37$,$Y_b=0.001(X)+5.59$(X 为 HeLa 细胞提取物浓度)。按 $3\sigma/k$ 计算检测限 HeLa 细胞为 45 cells μL^{-1}。根据这些结果,结合酶联免疫吸附试验(ELISA)标准曲线,我们得出每个 HeLa 细胞的端粒酶活性为 6.25×10^{-9} IU,与报告值一致[312]。

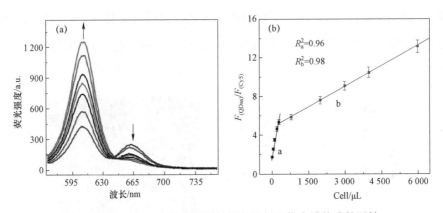

图 6-4 QD_{SA}@DNA 纳米探针检测细胞提取物中端粒酶的活性
(a)QD_{SA}@DNA 纳米探针(100 nm)与不同数量的 HeLa 细胞端粒酶提取作用后的荧光光谱图;
(b)荧光比(F_{QDsa}/F_{Cy5})与 HeLa 细胞数量的线性关系。误差棒表示三次实验的标准差

6.3.4 QDSA@DNA 稳定性和特异性的研究

采用不同的生物分子来确定 QD_{SA}@DNA 纳米探针对端粒酶的特异性,

如牛血清白蛋白（BSA）、免疫球蛋白 G（IgG）、溶菌酶、凝血酶、胰蛋白酶、ATP、RNA 和 Bst DNA 聚合酶。如图 6-5（A）所示，这些物质不会引起明显的荧光改变，表明端粒酶纳米探针具有很强的特异性。进一步探讨 QD_{SA}@DNA 纳米探针的稳定性，在 QD_{SA}@DNA 纳米探针体系中加入 DNase I 内切酶（10 IU），2 h 后测定荧光强度，结果表明荧光信号变化差异较小[图 6-5（B）]。上述数据表明：设计的 QD_{SA}@DNA 纳米探针表现出良好的稳定性和特异性。

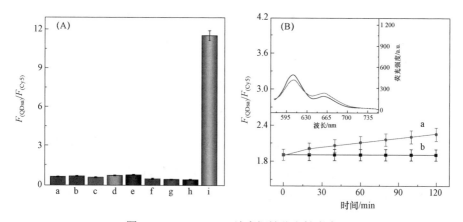

图 6-5　QD_{SA}@DNA 纳米探针稳定性考察

（A）QD_{SA}@DNA 纳米探针溶液加入 BSA（a）、凝血酶（b）、溶菌酶（c）、IgG（d）、胰蛋白酶（e）、ATP（f）、RNA（g）、Bst DNA 聚合酶（h）和端粒酶提取物（i）60 min 后的荧光强度；
（B）QDSA@DNA 纳米探针在 DNase I 存在（a）和不存在 DNase I（b）时的荧光强度与孵育时间的关系图；附图：（a）和（b）对应的 120 min 荧光光谱图，误差棒表示三次实验的标准差

6.3.5　端粒酶成像的研究

鉴于 QD_{SA}@DNA 纳米探针在缓冲溶液中良好的性能，接下来进一步研究 QD_{SA}@DNA 纳米探针在细胞层面的特性。首先，采用经典的 MTT 实验评估 QD_{SA}@DNA 纳米探针的生物相容性，以 HeLa 细胞为例。如图 6-6 所示，1~10 代表 QDSA@DNA 纳米探针的浓度分别为：20 nmol/L、40 nmol/L、60 nmol/L、80 nmol/L、100 nmol/L、120 nmol/L、140 nmol/L、160 nmol/L、

180 nmol/L 和 200 nmol/L，QD$_{SA}$@DNA 与 HeLa 细胞孵育 24 h 后，均呈现出较高的细胞活性，表明 QDSA@DNA 纳米探针具有良好的生物相容性。

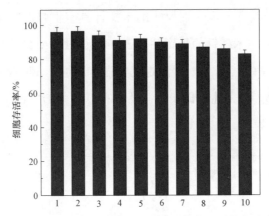

图 6-6　QD$_{SA}$@DNA 纳米探针与 HeLa 细胞作用后的细胞存活率

纳米探针分别与 HeLa 细胞和 L-O2 细胞共孵育，通过共聚焦荧光显微来原位成像端粒酶。如图 6-7 所示，QD$_{SA}$@DNA 纳米探针浓度为 100 nmol/L，QDs 荧光信号在 HeLa 细胞较为明显，这归因于 QD$_{SA}$@DNA 纳米探针与端粒酶发生特异性反应，引起荧光信号的变化。相比之下，在正常的 L-O2 细胞观察到 Cy5 红色荧光，并没有观察到 QDs 的荧光。

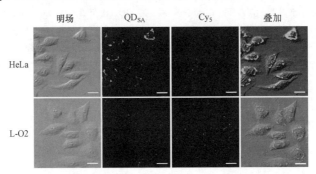

图 6-7　QD$_{SA}$@DNA 纳米探针分别与 HeLa 和 L-O2 细胞共孵育 4 h 后，共聚焦荧光显微成像（比例尺：25 μm）

6.3.6　端粒酶活性的检测

最后，监测了细胞内端粒酶的动态变化。HeLa 细胞与端粒酶活性抑制剂 3′-叠氮-3′-脱氧胸腺嘧啶（AZT）共孵育 48 h 后，如图 6-8 所示，绿色荧光强度随 AZT 浓度的增加而逐渐降低，表明 QD$_{SA}$@DNA 纳米探针可以动态监测细胞内端粒酶切活性。总之，QD$_{SA}$@DNA 有效检测细胞内端粒酶活性，为肿瘤诊断及端粒酶相关药物的筛选提供了潜在的平台。

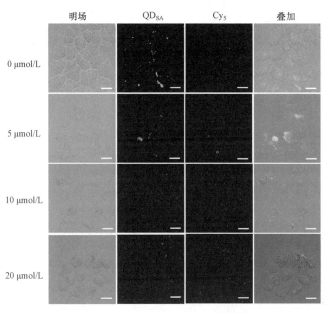

图 6-8　不同浓度 AZT 预处理 HeLa 细胞 48 h 后，纳米探针（100 nmol/L）与 HeLa 细胞共孵育后的共聚焦荧光图像（比例尺：25 μm）

6.4　结　论

综上，设计了一种新型的放大 FRET 纳米探针用于高灵敏度检测细胞内端粒酶的活性。QDSA@DNA 纳米探针呈现出高选择性及良好的稳定性和生物相容性。在端粒酶的作用下，端粒酶引物延伸与 SS 杂交，引起荧光强度变化，实现了端粒酶活性的原位检测，用于癌症诊断筛查和端粒酶抗癌药物的筛选。

第 7 章　一种新型近红外荧光探针用于端粒酶反转录酶的成像

7.1 引　言

端粒酶是一种核糖核蛋白酶，通过在染色体 3'端合成端粒重复单元（TTAGGG）n 来维持端粒的长度[313-315]。端粒酶包括端粒酶 RNA 模板（hTERC）、端粒酶逆转录酶（hTERT）和几种相关蛋白[316-318]。hTERT 的表达通常在体细胞中沉默，而在肿瘤细胞中观察到[318-320]。研究报道，端粒酶活性可通过肿瘤发生过程中 hTERT 表达的上调而激活[321-327]。因此，hTERT 被认为是癌症诊断和癌症相关药物筛选的生物标志物。

目前，已有多种方法用于检测 hTERT，如免疫组织化学、免疫荧光流式细胞术、免疫沉淀等[328-332]。虽然，这些方法对 hTERT 检测作出了显著贡献，但实际应用仍受到复杂操作程序的限制。因此，随后发展的逆转录聚合酶链反应（RT-PCR）已成为这些方法的重要替代方案。然而，RT-PCR 假阳性结果以及需要进行细胞提取限制了它的应用。随着纳米技术的迅速发展，人们制备了一系列荧光纳米探针来实时检测细胞内 hTERT 的表达[333-338]。然而，由于纳米颗粒内吞进入细胞溶酶体引起信号不稳定，并且纳米传感器对 hTERT 的响应相对较慢（～2 h）[339,340]。近年来，各种基于小分子荧光探针

第 7 章 一种新型近红外荧光探针用于端粒酶反转录酶的成像

已被开发用于生物体系中酶的成像[341-343]。在自由状态下，这类小分子探针的荧光被抑制。当识别基团与酶反应后荧光恢复，且具有高信噪比和快速响应[343-347]。据我们所知，目前还没有开发出活细胞和体内 hTERT 成像的小分子荧光探针。设计可靠、快速反应的小分子荧光探针用于 hTERT 的检测和实时生物成像仍是一个挑战。

本章设计并合成了一种新型的近红外（near-infrared，NIR）荧光探针（NB-BIBRA）用于特异性检测 hTERT。如图 7-1（a）所示，NB-BIBRA 由 hTERT 抑制剂类似物,2-[(E)-3-萘-2-基丁-2-烯氨基]-苯甲酸类似物(BIBRA)，通过长链烷基二胺与近红外荧光团尼罗蓝（NB）结合所构成。在没有 hTERT 的情况下，NB-BIBRA 形成聚集体，表现出荧光自猝灭的光活性。然而，当 NB-BIBRA 插入到 hTERT 外表面的疏水口袋中时，NB-BIBRA 聚集体被破坏，从而增强了荧光强度［图 7-1（b）］。NB-BIBRA 为首次用于活体细胞和实体肿瘤组织中 hTERT 检测和成像的近红外荧光探针，为癌症早期诊断和癌症相关药物筛选提供了有力的工具。

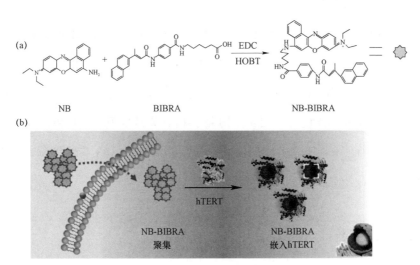

图 7-1　NB-BIBRA 的合成路线（a）及 NB-BIBRA 荧光成像活细胞 hTERT 的原理示意图（b）

7.2 实验部分

7.2.1 试剂与仪器

DMEM、RPMI-1640 和胎牛血清（FBS）购自 Gibco（Carlsbad，CA）。3-[(3-胆酰胺丙基)-二甲酰胺]-1-丙磺酸（CHAPS）裂解缓冲液来自 Millipore（Bdeford，MA）。3-(4,5-二甲基噻唑-2-酰基)-2-二苯基溴化四唑（MTT）细胞毒性检测试剂盒购自中国上海贝欧泰生物科技有限公司。hTERT 酶联免疫吸附测定（ELISA）试剂盒购自 Cloud-Clone Crop，中国（武汉）。质粒载体含有 shRNA 和荧光蛋白基因，购于中国上海吉凯基因公司。所有的溶液都是用 DEPC 处理过的水制备的。除特别说明外，所有其他化学物质均为分析级，无须进一步提纯。

^{1}H 和 ^{13}C 核磁共振（NMR）谱在布鲁克 Avance III 600 MHz 光谱仪上记录。Tetrame-以三甲硅烷（TMS）为内标。质谱数据采用美国 Agilent 6224 LC/MS-TOF。采用国产 UH4150 分光光度计进行吸收光谱分析。荧光光谱用 RF-6000 荧光分光光度计（日本）测量。相对荧光量子产率用罗丹明 6G 在乙醇中的进行测量。所有荧光图像均在德国徕卡 TCS SP8 共聚焦激光扫描显微镜上采集，激光波长为 405/633 nm。

7.2.2 荧光探针 NB-BIBRA 的合成与表征

NB-BIBRA 的合成路线如图 7-2 所示。

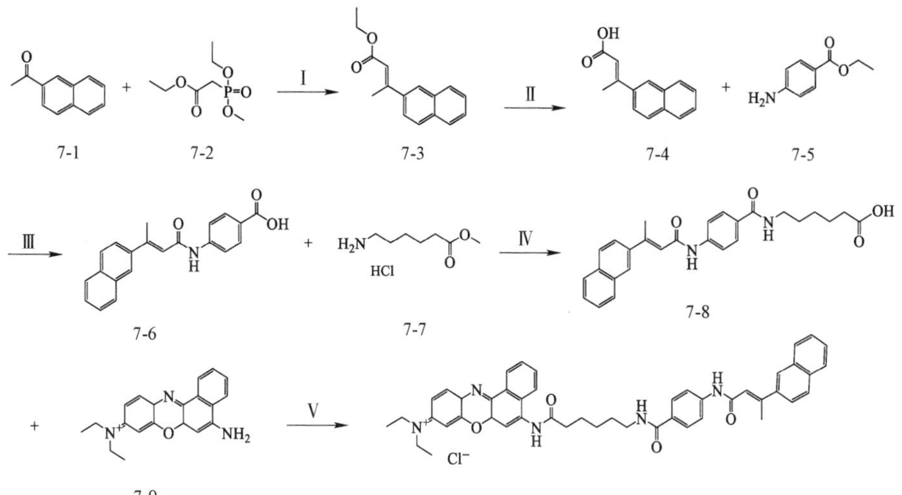

第7章 一种新型近红外荧光探针用于端粒酶反转录酶的成像

图 7-2 NB-BIBRA 的合成路线

原料和条件：Ⅰ，NaH（60%），THF，0～25 ℃；Ⅱ，LiOH·H₂O，THF，H₂O，25 ℃；Ⅲ，1）HOBT，EDCI，DMF 55 ℃；LiOH·H₂O，THF，H₂O，25 ℃；Ⅳ，TBTU，Et3N，DMF 35 ℃；LiOH·H₂O，THF，H₂O，25 ℃；Ⅴ，EDCI，HOBT，DMF，55 ℃

化合物 7-3 的合成：称取 NaH（5.87 g，146.9 mmol）于 500 mL 圆底烧瓶中，加入 300 mL 无水 THF 溶解并于 0 ℃条件下搅拌 20 min。称取化合物 2（34.2 g，152.8 mmol）并于 100 mL 无水 THF 中，0 ℃条件下逐滴加入圆底烧瓶中，滴加完毕后，撤掉冰浴，常温搅拌 30 min，随后化合物 7-1（10.0 g，58.8 mmol）相同条件下逐滴加入反应液中，加毕，反应进程用 TLC（展开剂为乙醇:石油醚=1:1）检测。原料反应完全后，饱和氯化铵溶液淬灭反应，除去反应中溶剂，随后用 300 mL CH₂Cl₂ 溶解，饱和食盐水洗涤，收集有机相，无水硫酸钠干燥，经硅胶柱层析分离得无色油状物（7.06 g，35.0 mmol），产率 59.6%。

^{1}H NMR（600 MHz，CDCl₃）δ 7.94（d，J=1.3 Hz，1H），7.86～7.84（m，1H），7.83～7.81（m，2H），7.59（dd，J=8.6，1.9 Hz，1H），7.51～7.47（m，2H），6.28（d，J=1.2 Hz，1H），4.24（q，J=7.1 Hz，2H），2.68

（d，J=1.2 Hz，3H），1.33（t，J=7.1 Hz，3H）。

化合物 7-4 的合成：称取化合物 7-3（6.0 g，25.0 mmol）于 250 mL 圆底烧瓶中，加入 150 mL THF 和 30 mL 水 溶解并于室温件下搅拌 20 min 使其充分溶解，随后加入 LiOH·H_2O（5.25 g，125.0 mmol），相同条件下继续搅拌 5 h。反应进程用 TLC（展开剂为 DCM:MeOH = 15:1）检测，原料反应完全后，真空蒸除反应溶剂，随后用稀盐酸溶液（1 mol/L）中和，过滤，得白色固体（4.8 g，22.5 mmol），产率 90.0%。

^{1}H NMR（600 MHz，DMSO）δ 12.27（s，1H），8.14（d，J=1.2 Hz，1H），8.01~7.99（m，1H），7.95~7.93（m，2H），7.73（dd，J=8.7，1.8 Hz，1H），7.56~7.55（m，2H），6.32（d，J=1.2 Hz，1H），2.63（d，J=1.1 Hz，3H）。

化合物 7-6 的合成：称取化合物 7-4（6.0 g，28.3 mmol）于 250 mL 圆底烧瓶中，加入 150 mL DMF 溶解并常温下搅拌 20 min，随后加入依次加入 EDCI（7.0 g，36.8 mmol），HOBT（5.4 g，39.6 mmol）和化合物 7-5（6.5 g，39.6 mmol）。加毕，升温至 35 ℃反应 2 h。反应进程用 TLC（展开剂为 PE:EA = 1:1）检测，原料反应完全后，减压蒸除溶剂得黄色油状物，加入 200 mL DCM 溶解，饱和食盐水洗涤，收集有机相，无水硫酸钠干燥，经硅胶柱层析（DCM:MeOH = 125:1~60:1）分离得到白色固体（6.1 g，17.0 mmol），产率 60.4%，直接用于后续反应。

化合物 7-8 的合成：称取化合物 7-6（4.0 g，12.1 mmol）于 150 mL 圆底烧瓶中，加入 100 mL DMF 溶解并常温下搅拌 20 min，随后加入依次加入 EDCI（3.0 g，15.7 mmol），HOBT（6.5 g，48.4 mmol）和化合物 7-7（5.4 g，30.2 mmol）。加毕，升温至 35 ℃反应 2 h。反应进程用 TLC（展开剂为 PE:EA = 1:1）检测，原料反应完全后，减压蒸除溶剂得黄色油状物，加入 200 mL DCM 溶解，饱和食盐水洗涤，收集有机相，无水硫酸钠干燥，经硅胶柱层析（DCM:MeOH = 125:1~60:1）分离得到白色固体（3.3 g，7.38 mmol），产率 60.4%，直接用于后续反应。

第7章 一种新型近红外荧光探针用于端粒酶反转录酶的成像

^{1}H NMR（600 MHz，DMSO）δ 10.45（s，1H），8.37（t，J=5.6 Hz，1H），8.14（d，J=1.1 Hz，1H），8.01～7.97（m，2H），7.96～7.94（m，1H），7.84（d，J=8.7 Hz，2H），7.77～7.75（m，3H），7.58～7.54（m，2H），6.66（d，J=1.0 Hz，1H），3.26～3.22（m，2H），2.70（s，3H），2.14（t，J=7.4 Hz，2H），1.55～1.50（m，4H），1.36～1.26（m，2H）。

化合物 NB-BIBRA 的合成：称取化合物 7-8（1.0 g，2.2 mmol）于 100 mL 圆底烧瓶中，加入 50 mL DMF 溶解并常温下搅拌 20 min，随后加入依次加入 EDCI（560.7 mg，2.9 mmol），HOBT（416.1mg，3.08 mmol）和化合物 7-9（354.1 mg，3.3 mmol）。加毕，升温至 35 ℃反应 2 h。反应进程用 TLC（展开剂为 DCM:MeOH＝10:1）检测，原料反应完全后，减压蒸除溶剂，经硅胶柱层析（DCM:MeOH＝80:1～10:1）分离得到墨蓝色固体（30 mg，0.04 mmol），产率 1.6%。

^{1}H NMR（600 MHz，DMSO）δ 10.32（s，1H），8.54（d，J=7.8 Hz，1H），8.33（t，J=5.6 Hz，1H），8.26（d，J=7.8 Hz，1H），8.13（s，1H），8.00～7.98（m，2H），7.95～7.94（m，1H），7.83～7.91（m，2H），7.77～7.70（m，4H），7.57～7.55（m，2H），6.77（d，J=8.1 Hz，1H），6.63～6.62（m，1H），6.56（s，1H），6.24（s，1H），3.48（d，J=6.9 Hz，2H），3.28～3.23（m，2H），2.68（s，3H），2.56（t，J=7.3 Hz，1H），1.70～1.67（m，2H），1.60～1.54（m，2H），1.53～1.47（m，1H），1.45～1.39（m，2H），1.23（s，4H），1.17～1.14（m，6H），0.86～0.84（m，2H）。

NB-BIBRA 及其相关中间体的结构通过 NMR 和 MS 进行相应的表征，见附录 A。

7.2.3 荧光探针 NB-BIBRA 溶液相的性能研究

为了研究探针对 hTERT 的响应，将探针与不同浓度的细胞提取物混合在 PBS 缓冲液中，在 37 ℃下孵育 30 min 后获得荧光光谱。荧光光谱测量范围为 650～780 nm，激发波长为 635 nm。

为了研究探针对 hTERT 的实时响应，将探针与 HeLa 细胞提取液快速混合在 PBS 缓冲液中。然后实时记录 694 nm 处的荧光强度，持续 350 s。

7.2.4 聚丙烯酰胺凝胶电泳

采用非变性聚丙烯酰胺凝胶电泳（Native-PAGE）证实 NB-BIBRA 靶向 hTERT。将 HeLa 细胞提取液分别与不同浓度（0 μmol/L、1.0 μmol/L、2.5 μmol/L、5.0 μmol/L、10 μmol/L）的探针处理 30 min。细胞提取液用 10 μmol/L BIBR1532 处理 1 h，然后加入 5 μmol/L 探针处理 30 min，作为对照实验。在 15 μL 样品中加入 3 μL 6× 上样缓冲液进行凝胶电泳。荧光条带使用成像系统（Bio-Rad/ChemiDoc MP）显示，激发激光为 605 nm。

7.2.5 细胞内 hTERT 的荧光成像

将 HeLa 细胞、A2780 细胞和 L-O2 细胞分别在共聚焦培养皿中培养 24 h。然后，将含有 NB-BIBRA（5.0 μmol/L）的培养基加入共聚焦皿中，共孵育 30 min。PBS 洗涤细胞 3 次后，加入细胞核特异性染色染料 Hoechst 33,258（1.0 μmol/L），共聚焦显微镜下成像。为了确认探针的特异性，在加入探针之前，将 hTERT 抑制剂 BIBR1532（10 μmol/L）加入培养皿中，共孵育 10 h。在荧光共聚焦显微镜下，激发波长 633nm，650～720 nm 收集荧光图像。

7.2.6 活体组织及体内 hTERT 的成像

将 HeLa 细胞、A2780 细胞和 L-O2 细胞分别在共聚焦培养皿中培养 24 h。然后，将含有 NB-BIBRA（5.0 μmol/L）的培养基加入共聚焦皿中，在 37 ℃下放置 30 min。PBS 洗涤细胞 3 次后，加入细胞核特异性染色染料 Hoechst 33,

258（1.0 μmol/L），共聚焦显微镜成像。为了确认探针的特异性，在加入探针之前，将 hTERT 抑制剂 BIBR1532（10 μmol/L）加入培养皿中，在 37 ℃下培养 10 h。在 650～720 nm 激发波长下获得荧光图像 633 nm。

7.3 结果与讨论

7.3.1 NB-BIBRA 的设计与制备

目前，已有检测 hTERT 的方法，但尚未开发出用于 hTERT 原位成像的小分子荧光探针。近年来，各种小分子荧光探针被开发用于生物大分子成像。基于此，设计了一个独特的小分子荧光探针来成像 hTERT。本章实验选择 NB 作为荧光团，因为其近红外发射波长，荧光量子产率高、生物毒性低、性能优异耐光性等。此外，我们将 BIBR1532 作为识别基团特异性检测和成像 hTERT，这是由于它可以特异性结合到 hTERT 拇指结构域外表面的疏水口袋[348]。最后，采用烷基二胺通过酰胺键将识别基团 BIBR1532 类似物与荧光团链接。在没有 hTERT 的情况下，NB-BIBRA 形成聚集体，表现出荧光自猝灭特性。当 NB-BIBRA 插入到 hTERT 外表面的疏水口袋中时，NB-BIBRA 变成单体，恢复荧光强度。

首先，研究了 NB-BIBRA 在不同溶剂中的光学性质。NB-BIBRA（5.0 μmol/L）在有机溶剂中表现出典型的非聚集性和强荧光发射[图 7-3（A）和（B）]。值得注意的是，在乙醇中加入 H_2O 后，游离 NB-BIBRA 的荧光被猝灭[图 7-3（C）]。然后，探索了 NB-BIBRA 在 10 mmol/L PBS 缓冲液（pH 7.4，1%DMSO）中的光物理性质。578 nm 处有一个宽而弱的吸收峰，同时相比于在有机溶剂中的荧光强度极弱（$\varPhi$=0.3%）。上述结果表明：NB-BIBRA 在 PBS 水溶液中聚集。当用 HeLa 细胞提取物与 NB-BIBRA 作用后，吸收峰升高并蓝移至 565 nm。此外,观察到荧光增强 44 倍(Φ=13%),而加入低 hTERT 水平的 L-O2 细胞提取物几乎没有观察到荧光增强。相反,用 hTERT 抑制剂 BIBR1532 预处理的 HeLa 细胞裂解液的荧光强度急剧下降 [图 7-3(D)]。

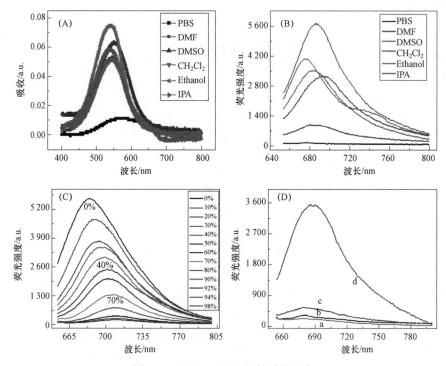

图 7-3　NB-BIBRA 光学性质的考察

(A) NB-BIBRA(5 μmol/L)在不同溶剂中的吸光度光谱图;(B) NB-BIBRA(5 μmol/L)在不同溶剂中的荧光光谱图;(C) NB-BIBRA 在不同含水量的乙醇溶液中的荧光光谱图;(D) NB-BIBRA(a)中分别加入 L-O2 细胞提取物(b),BIBR1532(10 μmol/L)的 HeLa 细胞提取物(c),HeLa 细胞提取物(d)的荧光光谱图

接着,采用非变性聚丙烯酰胺凝胶电泳(native-PAGE)验证 NB-BIBRA 探针与 hTERT 的荧光响应。探针(0~10 μmol/L)与 HeLa 细胞的 hTERT 提取物在 37 ℃下作用 30 min,然后进行凝胶荧光分析。凝胶中出现荧光带,荧光带的强度取决于探针的浓度,如图 7-4 所示。在图 7-4 中,1 道表示 HeLa 细胞提取的 hTERT,2-5 道表示不同浓度 NB-BIBRA 与 HeLa 细胞提取物 hTERT 作用 30 min,6 道表示 10 μmol/L BIBR1532 与 HeLa 细胞提取物 hTERT 作用 1 h 后,再加入 5.0 μmol/L NB-BIBRA 作用 30 min。随着探针浓度的增

加,越来越多的 NB-BIBRA 聚集体被破坏,导致探针的荧光发射强度增强。相反,用 BIBR1532 预处理 HeLa 细胞提取物,BIBR1532 与 hTERT 拇指结构域结合导致荧光明显减弱。

图 7-4　验证 NB-BIBRA 与 hTERT 作用的 Native-PAGE 图,$\lambda_{ex}=630$ nm

此外,为了确认 NB-BIBRA 特异性靶向 hTERT,设计了一个分子信标(MB),该信标由单链寡核苷酸组成,分别在 5′和 3′端标记四甲基罗丹明(TAMRA)和猝灭剂(BHQ)。在自由状态下,MB 形成发夹状结构,使 TAMRA 的荧光被 BHQ 猝灭。在加入 dNTPs 和 HeLa 细胞提取物后,在端粒酶引物的 3′端添加重复单元(TTAGGG),与 MB 环互补。因此,发夹被打开,导致 TAMRA 与 BHQ 在空间上分离,从而荧光恢复 [图 7-5(a)]。相反,当 HeLa 细胞裂解液用探针进行预处理后,荧光强度显著降低,这是由于探针与 hTERT 拇指结构域结合抑制端粒酶了功能 [图 7-5(b)]。综上所述,这些发现证明设计的 NB-BIBRA 可以特异性靶向 hTERT。

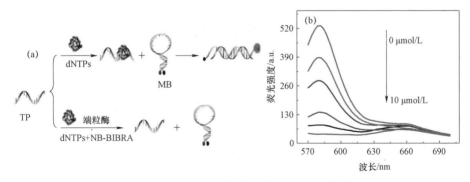

图 7-5　NB-BIBRA 特异性靶向 hTERT 的考察

(a)验证探针 NB-BIBRA 特异性靶向 hTERT 的示意图;(b)不同浓度的 NB-BIBRA(0、1 μmol/L、2 μmol/L、5 μmol/L、7 μmol/L、10 μmol/L)与 MB、TP 和细胞提取物孵育后产生的荧光光谱。MB、TP 和 HeLa 细胞提取物的浓度分别为 100 nmol/L、100 nmol/L 和 10 μL;箭头表示 NB-BIBRA 浓度对荧光信号的变化

接下来，测量 NB-BIBRA 与 hTERT 作用不同时间后的荧光强度来研究探针动力学。NB-BIBRA（5 μmol/L）在 PBS 中的原始荧光信号低且稳定[图 7-6（A）]。当 hTERT 提取物加入到溶液中时，荧光在 25 s 内立即增加到相当高的水平。如此快速的响应适合于生命体系中 hTERT 的实时监测。接下来，探讨了在 hTERT 存在和不存在的情况下，pH 对荧光稳定性的影响。实验结果表明，探针和反应产物在 pH 6.5～8.0 范围内对 pH 不敏感，这表明 NB-BIBRA 是生理条件下 hTERT 成像的理想选择[图 7-6（B）]。

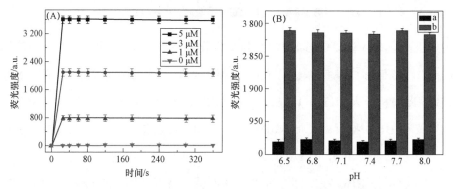

图 7-6 NB-BIBRA 动力学及在不同 pH 缓冲溶液中稳定性的考察
（A）NB-BIBRA 中加入不同量的 hTERT 提取物后的反应时间表；（B）pH 对（a）NB-BIBRA 和（b）NB-BIBRA 与 hTERT 作用产物的影响：$\lambda_{ex}/\lambda_{em}$ = 635/694 nm，NB-BIBRA 浓度为 5 μmol/L，所有数据均在 37 ℃下，10 mmol/L PBS 中测量，误差棒表示三次实验的标准差

7.3.2 NB-BIBRA 对 hTERT 响应机制的研究

为了阐明荧光响应的机制，利用 SYBYL2.0 和 Discovery Studio 2020 Client 对 NB-BIBRA 与 hTERT 的相互作用进行了评估。从 PDB 数据库中获得 BIBR1532 结合的端粒酶（PDB ID：5CQG）的 X 射线晶体结构。根据对接结果，BIBRA 进入 hTERT 拇指结构域外表面的疏水口袋，形成氢键[图 7-7（a）]，如酰胺的 O 原子与 Arg486 形成氢键，NB 的 H 原子与 Arg592 形成氢键。同时，NB-BIBRA 的整个分子结构与 Ile497、Thr487、Asn591、Ile590 和 Arg547 具有良好的范德华相互作用[图 7-7（b）和（c）]。结果进

一步证明 hTERT 与 NB-BIBRA 相互作用后，聚集体变成单体，从而恢复荧光。

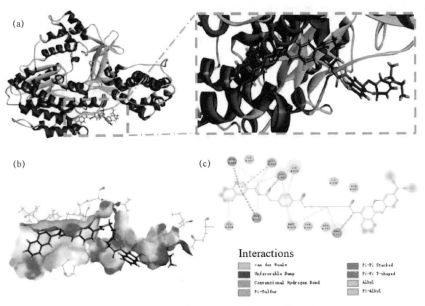

图 7-7　NB-BIBRA 与 hTERT 的对接结果
（a）NB-BIBRA 与 hTERT 结合示意图；（b）hTERT 和探针 NB-BIBRA 作用模拟图；
（c）NB-BIBRA 与周围氨基酸残基相互作用模式图

7.3.3　溶液相 hTERT 的检测

在证明 NB-BIBRA 对 hTERT 的可行性后，考察了探针对 hTERT 的灵敏度。首先，使用 hTERT 酶联免疫吸附试验试剂盒，绘制标准曲线测定来自不同细胞系的 hTERT 蛋白水平。结果表明，hTERT 在肿瘤细胞中高表达（HeLa 细胞 10.19 pg/mL；A2780 细胞 8.73 pg/mL），但在正常细胞系（L-O2 细胞 0.0125 pg/mL）中表达量最低。然后用不同浓度的 hTERT 孵育探针，记录荧光光谱。随着 hTERT 浓度的增加（0~40.0 pg/mL），694 nm 处的荧光强度呈动态增加［图 7-8（a）］。此外，荧光强度随 hTERT 浓度在 1.98~39.75 pg/mL 范围内线性增加，hTERT 的检出限为 0.11 pg/mL ［图 7-8（b）］。

这些结果表明，我们的探针可以在早期癌变过程中成像细胞内 hTERT。[349]

为了评估 NB-BIBRA 对 hTERT 的选择性，我们考察了潜在的干扰物质对荧光强度的影响，包括金属离子（Mg^{2+}、Na^+ 和 K^+）、氨基酸（Cys、Lys 和 Thr）和其他常见的生物分子（AA、BSA、HSA 和葡萄糖）。结果显示，在这些生物相关分析物的存在下，没有引起明显的荧光变化［图 7-8（c）］。此外，计算 IC_{50}（对 hTERT 的 50%活性抑制浓度）来评估 NB-BIBRA 对 hTERT 的结合能力［图 7-8（d）］。IC_{50} 值为（2.08±0.12）μmol/L，表明 hTERT 与 NB-BIBRA 具有结合亲和力。综上，NB-BIBRA 可以选择性地靶向 hTERT，而不受其他生物分子的影响。

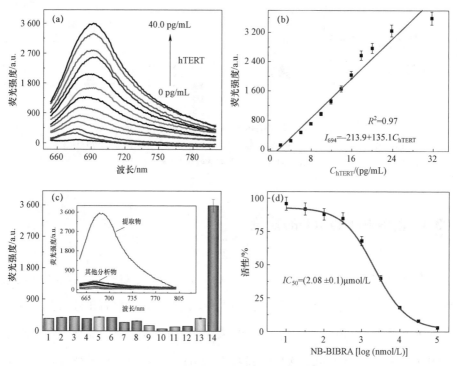

图 7-8　NB-BIBRA 溶液相 hTERT 的检测

(a) 在 10 mmol/L PBS 缓冲液（pH 7.4）中加入浓度增加的 hTERT 后 NB-BIBRA（5 μmol/L）的荧光光谱；(b) 线性响应 NB-BIBRA 对 hTERT 的影响与 hTERT 浓度有关；(c) NB-BIBRA（5.0 μmol/L）在不同浓度下的荧光光谱和荧光强度（附图）竞争物种：(1) 空白、(2) 葡萄糖、(3) 牛血清白蛋白、(4) 抗坏血酸、(5) HAS、(6) IgG、(7) K^+、(8) Mg^{2+}、(9) Na^+、(10) 赖氨酸、(11) 苏氨酸、(12) 半胱氨酸、(13) 胆固醇、(14) hTERT 提取物；(d) NB-BIBRA 对 hTERT 的 IC_{50}

7.3.4 肿瘤细胞内 hTERT 的成像

在探索了 NB-BIBRA 在 PBS 溶液中对 hTERT 的反应特性后，进一步研究其在活细胞中 hTERT 成像。NB-BIBRA 对活细胞的毒性通过经典的 MTT 试验进行评估。结果显示，探针的浓度高达 20 μmol/L，仍有超过 90%的 HeLa 细胞存活，表明该探针生物相容性良好。如图 7-9（a）和（b）所示，使用 5 μmol/L 探针 NB-BIBRA 与不同细胞系共孵育 30 min 后共聚焦荧光显微镜成像。HeLa 细胞和 A2780 细胞过表达 hTERT，表现出强烈的荧光。相反，L-O2 细胞几乎不表达 hTERT，在 633 nm 的激发下荧光几乎观察不到。为了评估 NB-BIBRA 是否特异性靶向 hTERT，将 HeLa 细胞与 10 μmol/L BIBR1532 预孵育 10 h，结果表明荧光强度降低，这主要是因为 BIBR1532 结合了 hTERT 的拇指结构域，阻止了 NB-BIBRA 对 hTERT 的结合。探针在 10 min 共聚焦成像表现出明显的荧光，在延长培养时间（120 min）后，荧光强度基本保持不变。这表明 NB-BIBRA 具有优异的光稳定性，可实现活细胞中 hTERT 的长时间检测和成像［图 7-9（c）和（d）］。为了进一步验证 NB-BIBRA 在活细胞中对 hTERT 的特异性成像，构建了包含 shRNA 和荧光蛋白基因的质粒载体。将质粒载体连同 hTERT 的发夹 shRNA 转染到 HeLa 细胞后。HeLa 细胞呈现出明显的绿色荧光表明转染成功。shRNA 降解成 siRNA，进一步抑制 hTERT 的表达，因此，探针的红色荧光被减弱。综上所述，这些结果表明 NB-BIBRA 特异性靶向 hTERT，探针的荧光强度与 hTERT 的含量相关。

7.3.5 组织和活体内 hTERT 的成像

进一步在活体层面对 hTERT 进行了荧光成像。将 NB-BIBRA 通过瘤内注射于荷瘤小鼠左后腿皮下。如图 7-10（a）所示，注射后 5 min 开始出现红

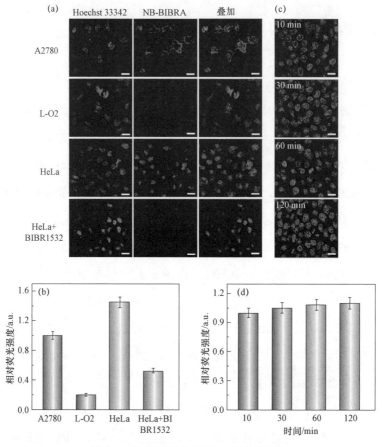

图 7-9 肿瘤细胞内 hTERT 成像的研究

(a) 不同条件下 hTERT 的共聚焦荧光图像；(b) (a) 的相对荧光强度值；(c) 不同时间点 NB-BIBRA (5 μmol/L) 与 HeLa 细胞作用后的荧光共聚焦图像；(d) (c) 的相对荧光强度值；A2780 细胞和 HeLa 细胞用探针孵育 10 min 的荧光强度为分别定义为 1.0；Hoechst 33342 通道：$\lambda_{ex}=405$ nm；$\lambda_{em}=450\sim520$ nm；NB-BIBRA 通道：$\lambda_{ex}=633$ nm；$\lambda_{em}=650\sim720$ nm，比例尺：20 μm

色荧光信号，且仅在肿瘤区域可见，说明 hTERT 在癌细胞中的特异成像。随着时间的推移，荧光信号不断增强，覆盖整个肿瘤而不扩散到周围区域。为了确认体内成像结果，进行了冷冻组织切片并使用共聚焦荧光显微镜检查。结果表明只有在肿瘤细胞内表现出荧光信号，而不是细胞间隙[图 7-10 (b)]。综上所述，这些结果表明 NB-BIBRA 探针对细胞内 hTERT 具有特异性，可为早期癌症诊断提供强大的工具。

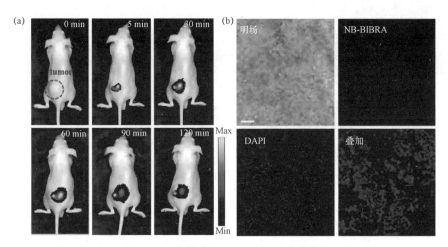

图 7-10　实体瘤中 hTERT 的体内成像

（a）NB-BIBRA 给药后肿瘤体内延时荧光图像；$\lambda_{ex}=640$ nm，$\lambda_{em}=650\text{-}750$ nm；
（b）探针注射的裸鼠肿瘤切片共聚焦图像（厚 5 μm）；DAPI 通道：$\lambda_{ex}=405$ nm，
$\lambda_{em}=450\text{-}520$ nm；NB-BIBRA 通道：$\lambda_{ex}=633$ nm；$\lambda_{em}=650\text{-}720$ nm，标尺：100 μm

7.4　结　论

综上所述，开发了一种新型近红外探针 NB-BIBRA，用于活细胞和体内 hTERT 的快速和高灵敏度成像。NB-BIBRA 与 hTERT 相互作用后产生强烈的荧光信号。实验原理是由于 NB-BIBRA 与 hTERT 结合后，聚集体被破坏，从而荧光恢复。结果表明，该探针对体外 hTERT 具有高灵敏度、快速反应和高选择性。并成功应用于活细胞和体内 hTERT 的检测和成像。

第 8 章 结论与展望

本书使用表面增强拉曼散射、荧光成像技术结合纳米材料的优势,构建了一系列功能化纳米探针用于研究肿瘤细胞缺氧微环境下肿瘤细胞的变化,有望提高抗癌药物的筛选和优化以及为缺氧相关的临床研究提供可靠的工具。具体工作总结如下:

第一,目前有很多种方法用来检测细胞内 pH,而定量研究肺癌细胞不同程度的缺氧与 pH 之间关系的报道很少。将对硝基苯硫酚(4-NTP)通过 Au-S 键修饰在具有增强拉曼散射的金纳米棒(AuNRs)表面,实现了缺氧条件下肺癌细胞内 pH 的检测。另外,设计的探针能够定量检测 2-DG、葡萄糖刺激下肿瘤细胞和组织的 pH,同时也证明了缺氧条件下 2-DG 抑制糖酵解,而葡萄糖促进糖酵解。展现了该探针潜在的应用价值,进一步促进抗肿瘤药物筛选和优化。

第二,鉴于很多因素能够诱导线粒体自噬,设计了偶氮还原酶响应的胶束(MCM@TATp)内部包裹线粒体自噬指示剂(Mito-rHP)实现了缺氧诱导线粒体自噬特异性成像。在缺氧条件下,偶氮还原酶还原胶束中偶氮苯基团,导致胶束解散,释放出有靶向线粒体和响应 pH 的能力的探针 Mito-rHP。当线粒体发生自噬时,探针 Mito-rHP 表现出"off-on"的荧光性质。作为进一步的应用,构建的胶束成功地应用于 PDT 过程中线粒体自噬成像。

第三,为了能对缺氧诱导的线粒体自噬进行便捷的荧光成像,开发了缺氧和线粒体自噬双激活的荧光探针分子 MiAzoR 用于缺氧诱导线粒体自噬成像。该探针分子在结构可调的罗丹明衍生物上同时修饰缺氧和 H^+ 响应的识别位点以及线粒体靶向基团,只有在缺氧和线粒体自噬的情况下才能产生荧光信号,实现了缺氧条件下线粒体自噬的成像监测。结果表明三种探针具有非常好的线粒体自噬成像的效果,$MiAzoR_3$ 进一步证明线粒体内也含有偶氮还原酶。

第四,传统的 SERS 方法是拉曼报告分子直接暴露于复杂的生物体环境中,该方法会引起 SERS 信号的不稳定,限制了它的进一步应用。通过结合结构稳定的 SERS 报告标签和双链特异性核酸酶(DSN)设计新型 SERS 分析策略,实现了缺氧肿瘤细胞外泌体 miRNA-21 的检测。MiRNA-21 的检测浓度范围为 12 fmol/L～18 pmol/L,检出限为 5 fmol/L。检测细胞外泌体中 miRNA-21 结果表明肿瘤细胞在缺氧条件下外泌体中 miRNA-21 较常氧状态下含量高达大约 2 倍。

第五,端粒酶在肿瘤细胞内的丰度较低,传统生物传感器只能一对一输出信号,导致检测的灵敏度不足。设计了一种新型的放大 FRET 纳米探针用于高灵敏度检测细胞内端粒酶的活性。QDSA@DNA 纳米探针呈现出高选择性及良好的稳定性和生物相容性。在端粒酶的作用下,端粒酶引物延伸与 SS 杂交,引起荧光强度变化,实现了端粒酶活性的原位检测,用于癌症诊断筛查和端粒酶抗癌药物的筛选。

第六,设计可靠、快速反应的小分子荧光探针用于 hTERT 的检测和实时生物成像仍是一个挑战。开发了一种新型近红外探针 NB-BIBRA,用于活细胞和体内 hTERT 的快速和高灵敏度成像。NB-BIBRA 与 hTERT 相互作用后产生强烈的荧光信号。该探针对体外 hTERT 具有高灵敏度、快速反应和高选择性。并成功应用于活细胞和体内 hTERT 的检测和成像。

以上是研究了缺氧条件下细胞在生理和功能上发生几点的变化以及检测和成像肿瘤标志物。为设计缺氧相关探针及肿瘤标志物检测提供了有价值的指导思想。这些设计理念还具有一定的通用性和拓展前景。通过缺氧细胞内高表达的还原性物质激活探针,从而检测某细胞内物质或者组分的变化。

但是在实际的实验中，也遇到了两个变量的困扰。即激活物与检测物都会随着细胞内 O_2 的变化而变化。为了得到准确的结果，像 pH 的变化，首先得绘制标准曲线，这样大大增加了工作量。希望通过后续的学习，构建一种普适性更强的功能化纳米探针，在今后的生物医学研究和临床方面具有重要的应用价值。

参考文献

[1] CHAFFER C L, WEINBERG R A. A perspective on cancer cell metastasis[J]. Science, 2011, 331(6024): 1559-1564.

[2] GATENBY R A, GILLIES R J. A microenvironmental model of carcinogenesis[J]. Nature Reviews Cancer, 2008, 8(1): 56-61.

[3] BRISTOW R G, HILL R P. Hypoxia and metabolism: Hypoxia, DNA repair and genetic instability[J]. Nature Reviews Cancer, 2008, 8(3): 180-192.

[4] BRAHIMI-HORN M C, Chiche J, Pouysségur J. Hypoxia and cancer[J]. Journal of Molecular Medicine, 2007, 85(12): 1301-1307.

[5] VAUPEL P, SCHLENGER K, KNOOP C, et al. Oxygenation of human tumors: evaluation of tissue oxygen distribution in breast cancers by computerized O_2 tension measurements[J]. Cancer Research, 1991, 51(12): 3316-3322.

[6] HÖCKEL M, KNOOP C, SCHLENGER K, et al. Intratumoral pO_2 predicts survival in advanced cancer of the uterine cervix[J]. Radiotherapy and Oncology, 1993, 26(1): 45-50.

[7] TAKAHASHI S, PIAO W, MATSUMURA Y, et al. Reversible off-on fluorescence probe for hypoxia and imaging of hypoxia-normoxia cycles in live cells[J]. Journal of the American Chemical Society, 2012, 134(48): 19588-19591.

[8] CARLIN S, HUMM J L. PET of hypoxia: current and future perspectives[J]. The Journal of Nuclear Medicine, 2012, 53(8): 1171-1174.

[9] LOVING G S, MUKHERJEE S, CARAVAN P. Redox-activated manganese-based MR contrast agent[J]. Journal of the American Chemical Society, 2013, 135(12): 4620-4623.

[10] MAO S C, LIU Y, MORGAN J B, et al. Lipophilic 2,5-disubstituted pyrroles from the marine sponge Mycale sp inhibit mitochondrial respiration and HIF-1 activation[J]. Journal of Natural Products, 2009, 72(11): 1927-1936.

[11] MIRANDA E, NORDGREN I K, MALE A L, et al. A cyclic peptide inhibitor of HIF-1 heterodimerization that inhibits hypoxia signaling in cancer cells[J]. Journal of the American Chemical Society, 2013, 135(28): 10418-10425.

[12] DJIDIA M C, CHANG J, HADJIPROCOPIS A, et al. Identification of hypoxia-regulated proteins using MALDI-mass spectrometry imaging combined with quantitative proteomics[J]. Journal of Proteome Research, 2014, 13(5): 2297-2313.

[13] PAN X H, WANG X T, WANG L Y, et al. Near-infrared fluorescence probe for monitoring the metabolic products of vitamin C in HepG2 cells under normoxia and hypoxia[J]. Analytical Chemistry, 2015, 87(14): 7092-7097.

[14] LI Y, WANG X, YANG J, et al. Fluorescent probe based on azobenzene-cyclopalladium for the selective imaging of endogenous carbon monoxide under hypoxia conditions[J]. Analytical Chemistry, 2016, 88(22): 11154-11159.

[15] OUSHIKI D, KOJIMA H, TERAI T, et al. Development and application of a near-infrared fluorescence probe for oxidative stress based on differential

reactivity of linked cyanine dyes[J]. Journal of the American Chemical Society, 2010, 132(8): 2795-2801.

[16] GUZY R D, HOYOS B, ROBIN E, et al. Mitochondrial complex III is required for hypoxia-induced ROS production and cellular oxygen sensing [J]. Cell Metabolism, 2005, 6(1): 401-408.

[17] PRASAD P, GORDIJO C R, ABBASI A Z, et al. Multifunctional albumin-MnO_2 nanoparticles modulate solid tumor microenvironment by attenuating hypoxia, acidosis, vascular endothelial growth factor and enhance radiation response[J]. ACS Nano, 2014, 8(4): 3202-3212.

[18] RAMTEKE A, TING H, AGARWAL C, et al. Exosomes secreted under hypoxia enhance invasiveness and stemness of prostate cancer cells by targeting adherens junction molecules[J]. Molecular Carcinogenesis, 2015, 54(7): 554-565.

[19] LI L, LI C, WANG S, et al. Exosomes derived from hypoxic oral squamous cell carcinoma cells deliver miR-21 to normoxic cells to elicit a prometastatic phenotype[J]. Cancer research, 2016, 76(7): 1770-1780.

[20] KWON D Y, LEE H E, Weitzel D H, et al. Synthesis and biological evaluation of manassantin analogues for hypoxia-inducible factor 1α inhibition[J]. Journal of Medicinal Chemistry, 2015, 58(19): 7659-7671.

[21] PUGH C W, RATCLIFFE P J. Regulation of angiogenesis by hypoxia: role of the HIF system[J]. Nature Medicine, 2003, 9(6): 677-684.

[22] SEMENZA G L. HIF-1 mediates metabolic responses to intratumoral hypoxia and oncogenic mutations[J]. Journal of Clinical Investigation, 2013, 123(9): 3664-3671.

[23] THIENPONT B, STEINBACHER J, ZHAO H, et al. Tumour hypoxia causes DNA hypermethylation by reducing TET activity[J]. Nature, 2016, 537(7618): 63-68.

[24] LU X, KANG Y B. Hypoxia and hypoxia-inducible factors: master regulators of metastasis[J]. Clinical Cancer Research, 2010, 16(24): 5928-5935.

[25] PENNACCHIETTI S, MICHIELI P, GALLUZZO M, et al. Hypoxia promotes invasive growth by transcriptional activation of the met protooncogene[J]. Cancer Cell, 2003, 3(4): 347-361.

[26] XU H, LI Q, WANG L H, et al. Nanoscale optical probes for cellular imaging[J]. Chemical Society Reviews, 2014, 43(8): 2650-2661.

[27] YANG Y M, ZHAO Q, FENG W, et al. Luminescent chemodosimeters for bioimaging[J]. Chemical Reviews, 2013, 113(1): 192-270.

[28] STEPHENS D J, ALLAN V J. Light microscopy techniques for live cell imaging[J]. Science, 2003, 300(5616): 82-86.

[29] CHITNENI S K, PALMER G M, ZALUTSKY M R, et al. Molecular imaging of hypoxia[J]. The Journal of Nuclear Medicine, 2011, 52(2): 165-168.

[30] LÓPEZ-LÁZARO M. Dual role of hydrogen peroxide in cancer: possible relevance to cancer chemoprevention and therapy[J]. Cancer Letters, 2007, 252(1): 1-8.

[31] HODGKISS R J, BEGG A C, MIDDLETON R W, et al. Fluorescent markers for hypoxic cells: a study of novel heterocyclic compounds that undergo bio-reductive binding[J]. Biochemical Pharmacology, 1991, 41(4): 533-541.

[32] LI Z, LI X, GAO X, et al. Nitroreductase detection and hypoxic tumor cell imaging by a designed sensitive and selective fluorescent probe, 7-[(5-nitrofuran-2-yl)methoxy]-3H-phenoxazin-3-one[J]. Analytical Chemistry, 2013, 85(8): 3926-3932.

[33] SCHWARZ A, STANDER S, BERNEBURG M, et al. Interleukin-12

suppresses ultraviolet radiation-induced apoptosis by inducing DNA repair[J]. Nature Cell Biology, 2002, 4(1): 26-31.

[34] ICHIHASHI M, UEDA M, BUDIYANTO A, et al. UV-induced skin damage[J]. Toxicology, 2003, 189(1-2): 21-39.

[35] OKUDA K, OKABE Y, KADONOSONO T, et al. 2-nitroimidazole-tricarbocyanine conjugate as a near-infrared fluorescent probe for in vivo imaging of tumor hypoxia[J]. Bioconjugate Chemistry, 2012, 23(3): 324-329.

[36] XU K H, WANG F, PAN X H, et al. High selectivity imaging of nitroreductase using a near-infrared fluorescence probe in hypoxic tumor [J]. Chemical Communications, 2013, 49(25): 2554-2556.

[37] LI Y H, SUN Y, LI J C, et al. Ultrasensitive near-infrared fluorescence enhanced probe for in vivo nitroreductase imaging[J]. Journal of the American Chemical Society, 2015, 137(19): 6407-6416.

[38] SCOTT D T, MCKNIGHT D M, BLUNT-HARRIS E L, et al. Quinone moieties act as electron acceptors in the reduction of humic substances by humics- reducing microorganisms[J]. Environmental science & technology, 1998, 32(19): 2984-2989.

[39] NOHL H, JORDAN W, YOUNGMAn R J. Quinones in biology: functions in electron transfer and oxygen activation[J]. Advances in Free Radical Biology & Medicine, 1986, 2(1): 211-279.

[40] TANABE K, HIRATA N, HARADA H, et al. Emission under hypoxia: one-electron reduction and fluorescence characteristics of an indolequinone-coumarin conjugate[J]. ChemBioChem, 2008, 9(3): 426-432.

[41] WHITAKER J E, HAUGLAND R P, RYAN D, et al. Fluorescent rhodol derivatives: versatile, photostable labels and tracers[J]. Analytical Biochemistry, 1992, 207(2): 267-279.

[42] KOMATSU H, HARADA H, TANABE K, et al. Indolequinone-rhodol conjugate as a fluorescent probe for hypoxic cells: enzymatic activation and fluorescence properties[J]. MedChemComm, 2010, 1(1): 50-53.

[43] KOMATSU H, SHINDO Y, OKA K, et al. Ubiquinone-rhodol for fluorescence imaging of NAD(P)H through intracellular activation[J]. Angewandte Chemie International Edition, 2014, 53(15): 3993-3995.

[44] MIURA T, URANO Y, TANAKA K, et al. Rational design principle for modulating fluorescence properties of fluorescein-based probes by photoinduced electron transfer[J]. Journal of the American Chemical Society, 2003, 125(28): 8666-8671.

[45] ZBAIDA S, LEVINE W G. A novel application of cyclic voltammetry for direct investigation of metabolic intermediates in microsomal azo reduction[J]. Chemical Research in Toxicology, 1991, 4(1): 82-88.

[46] UDDIN M I, EVANS S M, CRAFT J R, et al. Applications of azo-based probes for imaging retinal hypoxia[J]. ACS Medicinal Chemistry Letters, 2015, 6(4): 445-449.

[47] KIYOSE K, HANAOKA K, OUSHIKI D, et al. Hypoxia-sensitive fluorescent probes for in vivo real-time fluorescence imaging of acute ischemia[J]. Journal of the American Chemical Society, 2010, 132(45): 15846-15848.

[48] PIAO W, TSUDA S, TANAKA Y, et al. Development of azo-based fluorescent probes to detect different levels of hypoxia[J]. Angewandte Chemie International Edition, 2013, 52(49): 13028-13032.

[49] CLANTON T L. Hypoxia-induced reactive oxygen species formation in skeletal muscle[J]. Journal of Applied Physiology, 2007, 102(6): 2379-2388.

[50] MATSUMOTO S, YASUI H, MITCHELL J B, et al. Imaging cycling

tumor hypoxia[J]. Cancer Research, 2010, 70(24): 10019-10023.

[51] DEWHIRST M W. Relationships between cycling hypoxia, HIF-1, angiogenesis and oxidative stress[J]. Radiation Research, 2009, 172(6): 653-665.

[52] STABLEY D R, JURCHENKO C, MARSHALL S S, et al. Visualizing mechanical tension across membrane receptors with a fluorescent sensor[J]. Nature Methods, 2011, 9(1): 64-67.

[53] TAKAHASHI S, PIAO W, MATSUMURA Y, et al. Reversible off-on fluorescence probe for hypoxia and imaging of hypoxia-normoxia cycles in live cells[J]. Journal of the American Chemical Society, 2012, 134(48): 19588-19591.

[54] LIU J, SUN Y Q, HUO Y Y, et al. Simultaneous fluorescence sensing of Cys and GSH from different emission channels[J]. Journal of the American Chemical Society, 2014, 136(2): 574-577.

[55] LEE M H, YANG Z, LIM C W, et al. Disulfide-cleavage-triggered chemosensors and their biological applications[J]. Chemical Reviews, 2013, 113(7): 5071-5109.

[56] RUMSEY W, VANDERKOOI J, WILSON D. Imaging of phosphorescence: a novel method for measuring oxygen distribution in perfused tissue[J]. Science, 1988, 241(4873): 1649-1651.

[57] DOBRUCKI J W. Interaction of oxygen-sensitive luminescent probes Ru(phen)$_3^{2+}$ and Ru(bipy)$_3^{2+}$ with animal and plant cells in vitro: mechanism of phototoxicity and conditions for non-invasive oxygen measurements[J]. Journal of Photochemistry and Photobiology B: Biology, 2001, 65(2-3): 136-144.

[58] JI J, ROSENZWEIG N, JONES I, et al. Novel fluorescent oxygen indicator for intracellular oxygen measurements[J]. Journal of Biomedical

Optics, 2002, 7(3): 404-409.

[59] KOMATSU H, YOSHIHARA K, YAMADA H, et al. Ruthenium complexes with hydrophobic ligands that are key factors for the optical imaging of physiological hypoxia[J]. Chemistry-A European Journal, 2013, 19(6): 1971-1977.

[60] OZTURK O, OTER O, YILDIRIM S, et al. Tuning oxygen sensitivity of ruthenium complex exploiting silver nanoparticles[J]. Journal of Luminescence, 2014, 155: 191-197.

[61] LOWRY M S, BERNHARD S. Synthetically tailored excited states: phosphorescent, cyclometalated iridium(III) complexes and their applications [J]. Chemistry-A European Journal, 2006, 12: 7970-7977.

[62] ZHANG S, HOSAKA M, YOSHIHARA T, et al. Phosphorescent light-emitting iridium complexes serve as a hypoxia-sensing probe for tumor imaging in living animals[J]. Cancer Research, 2010, 70(11): 4490-4498.

[63] KOREN K, DMITRIEV R I, BORISOV S M, et al. Complexes of Ir(III)-octaethylporphyrin with peptides as probes for sensing cellular O_2[J]. ChemBioChem, 2012, 13(8): 1184-1190.

[64] DEROSA M C, HODGSON D J, ENRIGHT G D, et al. Iridium luminophore complexes for unimolecular oxygen sensors[J]. Journal of the American Chemical Society, 2004, 126(24): 7619-7626.

[65] XIE Z, MA L, KRAFFT K E, et al. Porous phosphorescent coordination polymers for oxygen sensing[J]. Journal of the American Chemical Society, 2010, 132(3): 922-923.

[66] ESIPOVA T V, KARAGODOV A, MILLER J, et al. Two new "protected" oxyphors for biological oximetry: properties and application in tumor imaging[J]. Analytical Chemistry, 2011, 83(22): 8756-8765.

[67] DUNPHY I, VINOGRADOV S A, WILSON D F. Oxyphor R2 and G2: phosphors for measuring oxygen by oxygen-dependent quenching of phosphorescence [J]. Analytical Biochemistry, 2002, 310(2): 191-198.

[68] PAPKOVSKY D B, DMITRIEV R I. Biological detection by optical oxygen sensing[J]. Chemical Society Reviews, 2013, 42(22): 8700-8732.

[69] TOBITA S, YOSHIHARA T. Intracellular and in vivo oxygen sensing using phosphorescent iridium (Ⅲ) complexes[J]. Current Opinion in Chemical Biology, 2016, 33: 39-45.

[70] AI H W, HAZELWOOD K L, DAVIDSON M W, et al. Fluorescent protein FRET pairs for ratiometric imaging of dual biosensors[J]. Nature Methods, 2008, 5(5): 401-403.

[71] ZHANG X L, XIAO Y, QIAN X H. A ratiometric fluorescent probe based on FRET for imaging Hg^{2+} ions in living cells[J]. Angewandte Chemie International Edition, 2008, 47(42): 8025-8029.

[72] KURISHITA Y, KOHIRA T, OJIDA A, et al. Rational design of FRET-based ratiometric chemosensors for in vitro and in cell fluorescence analyses of nucleoside polyphosphates[J]. Journal of the American Chemical Society, 2010, 132(38): 13290-13299.

[73] LU Y, ZHAO J, ZHANG R, et al. Tunable lifetime multiplexing using luminescent nanocrystals[J]. Nature Photonics, 2014, 8(1): 32-36.

[74] TU D, LIU L, JU Q, et al. Time-resolved FRET biosensor based on amine-functionalized lanthanide-doped $NaYF_4$ nanocrystals[J]. Angewandte Chemie International Edition, 2011, 50(28): 6306-6310.

[75] ZHENG W, ZHOU S, CHEN Z, et al. Sub-10 nm lanthanide-doped CaF_2 nanoprobes for time-resolved luminescent biodetection[J]. Angewandte Chemie International Edition, 2013, 52(26): 6671-6676.

[76] LIU Y, ZHOU S, Tu D, et al. Amine-functionalized lanthanide-doped

zirconia nanoparticles: optical spectroscopy, time-resolved fluorescence resonance energy transfer biodetection, and targeted imaging[J]. Journal of the American Chemical Society, 2012, 134(36): 15083-15090.

[77] XIONG X, SONG F, WANG J, et al. Thermally activated delayed fluorescence of fluorescein derivative for time-resolved and confocal fluorescence imaging[J]. Journal of the American Chemical Society, 2014, 136(27): 9590-9597.

[78] HANAOKA K, KIKUCHI K, KOBAYASHI S, et al. Time-resolved long-lived luminescence imaging method employing luminescent lanthanide probes with a new microscopy system[J]. Journal of the American Chemical Society, 2007, 129(44): 13502-13509.

[79] ZHANG G, PALMER G M, DEWHIRST M W, et al. A dual-emissive-materials design concept enables tumour hypoxia imaging[J]. Nature Materials, 2009, 8(9): 747-751.

[80] YOSHIHARA T, YAMAGUCHI Y, HOSAKA M, et al. Ratiometric molecular sensor for monitoring oxygen levels in living cells[J]. Angewandte Chemie International Edition, 2012, 51(17): 4148-4151.

[81] BEREZIN M Y, ACHILEFU S. Fluorescence lifetime measurements and biological imaging[J]. Chemical Reviews, 2010, 110(5): 2641-2684.

[82] KUROKAWA H, ITO H, INOUE M, et al. High resolution imaging of intracellular oxygen concentration by phosphorescence lifetime[J]. Scientific Reports, 2015, 5: 10657.

[83] FERCHER A, BORISOV S M, ZHDANOV A V, et al. Intracellular O_2 sensing probe based on cell-penetrating phosphorescent nanoparticles[J]. ACS Nano, 2011, 5(7): 5499-5508.

[84] ANTARIS A L, CHEN H, CHENG K, et al. A small-molecule dye for NIR-II imaging[J]. Nature Materials, 2016, 15(2): 235-242.

[85] GAMBHIR S S. Molecular imaging of cancer with positron emission tomography[J]. Nature Reviews Cancer, 2002, 2(9): 683-693.

[86] WUEST M, WUEST F. Positron emission tomography radiotracers for imaging hypoxia[J]. Journal of Labelled Compounds and Radiopharmaceuticals, 2013, 56(3-4): 244-250.

[87] JONES D P. Redox potential of GSH/GSSG couple: assay and biological significance[J]. Methods in Enzymology, 2002, 348: 93-112.

[88] MCQUADE P, ROWLAND D J, Lewis J S, et al. Positron-emitting isotopes produced on biomedical cyclotrons[J]. Current medicinal chemistry, 2005, 12(7): 807-818.

[89] RAJENDRAN J G, MANKOFF D A, O'SULLIVAN F, et al. Hypoxia and glucose metabolism in malignant tumors: evaluation by [^{18}F]-fluoromisonidazole and [^{18}F]-fluorodeoxyglucose positron emission tomography imaging[J]. Clinical Cancer Research, 2004, 10(7): 2245-2252.

[90] LI Z, CONTI P S. Radiopharmaceutical chemistry for positron emission tomography[J]. Advanced Drug Delivery Reviews, 2010, 62(11): 1031-1051.

[91] SWANSON K R, CHAKRABORTY G, WANG C H, et al. Complementary but distinct roles for MRI and ^{18}F-fluoromisonidazole PET in the assessment of human glioblastomas[J]. The Journal of Nuclear Medicine, 2008, 50(1): 36-44.

[92] SATO J, KITAGAWA Y, YAMAZAKI Y, et al. ^{18}F-fluoromisonidazole PET uptake is correlated with hypoxia-inducible factor-1α expression in oral squamous cell carcinoma[J]. Journal of Nuclear Medicine, 2013, 54(7): 1060-1065.

[93] CHENG J, LEI L, XU J, et al. ^{18}F-fluoromisonidazole PET/CT: a potential tool for predicting primary endocrine therapy resistance in breast cancer[J].

Journal of Nuclear Medicine, 2013, 54(3): 333-340.

[94] VERA P, BOHN P, EDET-SANSON A, et al. Simultaneous positron emission tomography (PET) assessment of metabolism with ^{18}F-fluoro-2-deoxy-d-glucose (FDG), proliferation with ^{18}F-fluoro-thymidine (FLT), and hypoxia with ^{18}F-fluoromisonidazole (F-miso) before and during radiotherapy in patients with non-small-cell lung cancer (NSCLC): a pilot study[J]. Radiotherapy and Oncology, 2011, 98(1): 109-116.

[95] HUGONNET F, FOURNIER L, MEDIONI J, et al. Metastatic renal cell carcinoma: relationship between initial metastasis hypoxia, change after 1 month's sunitinib, and therapeutic response: an ^{18}F-fluoromisonidazole PET/CT study[J]. Journal of Nuclear Medicine, 2011, 52(7): 1048-1055.

[96] DUBOIS L J, LIEUWES N G, JANSSEN M H M, et al. Preclinical evaluation and validation of [^{18}F]HX4, a promising hypoxia marker for PET imaging[J]. Proceedings of the National Academy of Sciences of the United States of America, 2011, 108(35): 14620-14625.

[97] CHEN L, ZHANG Z, KOLB H C. ^{18}F-HX4 hypoxia imaging with PET/CT in head and neck cancer: a comparison with ^{18}F-FMISO[J]. Nuclear Medicine Communications, 2012, 33(10): 1096-1102.

[98] AIRLEY R E, MOBASHERI A. Hypoxic regulation of glucose transport, anaerobic metabolism and angiogenesis in cancer: novel pathways and targets for anticancer therapeutics[J]. Chemotherapy, 2007, 53(4): 233-256.

[99] BUSK M, HORSMAN M R, KRISTJANSEN P E G, et al. Aerobic glycolysis in cancers: implications for the usability of oxygen-responsive genes and fluorodeoxyglucose-PET as markers of tissue hypoxia[J]. International Journal of Cancer, 2008, 123(12): 2726-2734.

[100] CHRISTIAN N, DEHENEFFE S, BOL A, et al. Is (18)F-FDG a surrogate

tracer to measure tumor hypoxia? Comparison with the hypoxic tracer (14)C-EF3 in animal tumor models[J]. Radiotherapy and Oncology, 2010, 97(2): 183-188.

[101] DEHDASHTI F, MINTUN M A, LEWIS J S, et al. In vivo assessment of tumor hypoxia in lung cancer with ^{60}Cu-ATSM[J]. European Journal of Nuclear Medicine and Molecular Imaging, 2003, 30(6): 844-850.

[102] FUJIBAYASHI Y, TANIUCHI H, YONEKURA Y, et al. Copper-62-ATSM: a new hypoxia imaging agent with high membrane permeability and low redox potential[J]. Journal of Nuclear Medicine, 1997, 38(7): 1155-1160.

[103] COLOMBIÉ M, GOUARD S, FRINDEL M, et al. Focus on the controversial aspects of ^{64}Cu-ATSM in tumoral hypoxia mapping by PET imaging[J]. Frontiers in Medicine, 2015, 2: 58.

[104] DEARLING J L J, PACKARD A B. Some thoughts on the mechanism of cellular trapping of Cu (II)-ATSM[J]. Nuclear medicine and biology, 2010, 37(3): 237-243.

[105] SCHENKMAN L. Second thoughts about CT imaging[J]. Science, 2011, 331(6020): 1002-1004.

[106] DE LEON-RODRIGUEZ L M, Lubag A J M, Malloy C R, et al. Responsive MRI agents for sensing metabolism in vivo[J]. Accounts of Chemical Research, 2009, 42(7): 948-957.

[107] DO Q N, RATNAKAR J S, KOVACS Z, et al. Redox-and hypoxia-responsive MRI contrast agents[J]. ChemMedChem, 2014, 9(6): 1116-1129.

[108] LEE N, HYEON T. Designed synthesis of uniformly sized iron oxide nanoparticles for efficient magnetic resonance imaging contrast agents[J]. Chemical Society Reviews, 2012, 41(7): 2575-2589.

［109］ BAUDELET C, GALLEZ B. How does blood oxygen level-dependent (BOLD) contrast correlate with oxygen partial pressure ($pO2$) inside tumors?[J]. Magnetic Resonance in Medicine, 2002, 48(6): 980-986.

［110］ ZHAO D, JIANG L, HAHN E W, et al. Comparison of ^{1}H blood oxygen level-dependent (BOLD) and ^{19}F MRI to investigate tumor oxygenation [J]. Magnetic Resonance in Medicine, 2009, 62(2): 357-364.

［111］ DUNN J F, O'HARA J A, ZAIM-WADGHIRI Y, et al. Changes in oxygenation of intracranial tumors with carbogen: a BOLD MRI and EPR oximetry study[J]. Journal of Magnetic Resonance Imaging, 2002, 16(5): 511-521.

［112］ AL-HALLAQ H, RIVER J N, ZAMORA M, et al. Correlation of magnetic resonance and oxygen microelectrode measurements of carbogen-induced changes in tumor oxygenation[J]. International Journal of Radiation Oncology, Biology, Physics, 1998, 41(1): 151-159.

［113］ ZHAO Z, ZHOU Z, BAO J, et al. Octapod iron oxide nanoparticles as high-performance T_2 contrast agents for magnetic resonance imaging[J]. Nature Communications, 2013, 4: 2266.

［114］ NA H B, SONG I C, HYEON T. Inorganic nanoparticles for MRI contrast agents[J]. Advanced Materials, 2009, 21(21): 2133-2148.

［115］ NA H B, HYEON T. Nanostructured T_1 MRI contrast agents[J]. Journal of Materials Chemistry, 2009, 19(35): 6267-6273.

［116］ WERNER E J, DATTA A, JOCHER C J, et al. High-relaxivity MRI contrast agents: where coordination chemistry meets medical imaging[J]. Angewandte Chemie International Edition, 2008, 47(45): 8568-8580.

［117］ IWAKI S, HANAOKA K, PIAO W, et al. Development of hypoxia-sensitive Gd^{3+}-based MRI contrast agents[J]. Bioorganic & Medicinal Chemistry Letters, 2012, 22(8): 2798-2802.

[118] TERRENO E, CASTELLI D D, VIALE A, et al. Challenges for molecular magnetic resonance imaging[J]. Chemical Reviews, 2010, 110(5): 3019-3042.

[119] LIPPERT A R, KESHARI K R, KURHANEWICZ J, et al. A hydrogen peroxide-responsive hyperpolarized ^{13}C MRI contrast agent[J]. Journal of the American Chemical Society, 2011, 133(11): 3776-3779.

[120] REINERI F, VIALE A, GIOVENZANA G, et al. New hyperpolarized contrast agents for ^{13}C MRI from para-hydrogenation of oligooxyethylenic alkynes[J]. Journal of the American Chemical Society, 2008, 130(45): 15047-15053.

[121] MIZUKAMI S, TAKIKAWA R, SUGIHARA F, et al. Paramagnetic relaxation-based ^{19}F MRI probe to detect protease activity[J]. Journal of the American Chemical Society, 2008, 130(3): 794-795.

[122] YUAN Y, SUN H, GE S, et al. Controlled intracellular self-assembly and disassembly of ^{19}F nanoparticles for MR imaging of caspase 3/7 in zebrafish[J]. ACS Nano, 2015, 9(1): 761-768.

[123] SHAPIRO E M, BORTHAKUR A, GOUGOUTAS A, et al. ^{23}Na MRI accurately measures fixed charge density in articular cartilage[J]. Magnetic Resonance in Medicine, 2002, 47(2): 284-291.

[124] KOTERA N, TASSALI N, LÉONCE E, et al. A sensitive zinc-activated ^{129}Xe MRI probe[J]. Angewandte Chemie International Edition, 2012, 51(17): 4104-4107. (Note: The volume number 124 in the original reference corresponds to the German edition, while the English edition uses volume 51.)

[125] DRIEHUYS B, COFER G P, POLLARO J, et al. Imaging alveolar-capillary gas transfer using hyperpolarized ^{129}Xe MRI[J]. Proceedings of the National Academy of Sciences of the United States of America, 2006,

103(48): 18278-18283.

［126］ Tirotta I, Dichiarante V, Pigliacelli C, et al. ^{19}F magnetic resonance imaging (MRI): from design of materials to clinical applications[J]. Chemical Reviews, 2015, 115(2): 1106-1129.

［127］ SRINIVAS M, HEERSCHAP A, AHRENS E T, et al. ^{19}F MRI for quantitative in vivo cell tracking[J]. Trends in Biotechnology, 2010, 28(7): 363-370.

［128］ TOWNSEND D, CHERRY S. Combining anatomy and function: the path to true image fusion[J]. European Radiology, 2001, 11(10): 1968-1974.

［129］ TOWNSEND D W. Dual-modality imaging: combining anatomy and function[J]. The Journal of Nuclear Medicine, 2008, 49(6): 938-955.

［130］ LOUIE A Y. Multimodality imaging probes: design and challenges[J]. Chemical Reviews, 2010, 110(5): 3146-3195.

［131］ SOWERS M A, MCCOMBS J R, WANG Y, et al. Redox-responsive branched-bottle brush polymers for in vivo MRI and fluorescence imaging [J]. Nature Communications, 2014, 5: 5460.

［132］ BLINCO J P, FAIRFULL-SMITH K E, MORROW B J, et al. Profluorescent nitroxides as sensitive probes of oxidative change and free radical reactions[J]. Australian Journal of Chemistry, 2011, 64(4): 373-389.

［133］ BOBKO A A, KIRILYUK I A, GRIGOR'EV I A, et al. Reversible reduction of nitroxides to hydroxylamines: roles for ascorbate and glutathione[J]. Free Radical Biology and Medicine, 2007, 42(3): 404-412.

［134］ RUST M J, BATES M, ZHUANG X. Sub-diffraction-limit imaging by stochastic optical reconstruction microscopy (STORM)[J]. Nature Methods, 2006, 3(10): 793-796.

［135］ WEISSLEDER R, PITTET M J. Imaging in the era of molecular oncology[J]. Nature, 2008, 452(7187): 580-589.

[136] ZHANG H F, MASLOV K, SIVARAMAKRISHNAN M, et al. Imaging of hemoglobin oxygen saturation variations in single vessels in vivo using photoacoustic microscopy[J]. Applied Physics Letters, 2007, 90(5): 053901.

[137] HORECKER B L. The absorption spectra of hemoglobin and its derivatives in the visible and near infrared regions[J]. Journal of Biological Chemistry, 1943, 148: 173-183.

[138] LI M L, OH J T, XIE X, et al. Simultaneous molecular and hypoxia imaging of brain tumors in vivo using spectroscopic photoacoustic tomography[J]. Proceedings of the IEEE, 2008, 96(3): 481-489.

[139] WANG Y, HU S, MASLOV K, et al. In vivo integrated photoacoustic and confocal microscopy of hemoglobin oxygen saturation and oxygen partial pressure[J]. Optics Letters, 2011, 36(7): 1029-1031.

[140] ZHAO Q Q, BOXMAN A, CHOWDHRY U. Nanotechnology in the chemical industry-opportunities and challenges[J]. Journal of Nanoparticle Research, 2003, 5(5-6): 567-572.

[141] HE X, GAO J, GAMBHIR S S, et al. Near-infrared fluorescent nanoprobes for cancer molecular imaging: status and challenges[J]. Trends in Molecular Medicine, 2010, 16(12): 574-583.

[142] SHARMA P, BROWN S, WALTER G, et al. Nanoparticles for bioimaging [J]. Advances in Colloid and Interface Science, 2006, 123: 471-485.

[143] BRUCHEZ M, MORONNE M, GIN P, et al. Semiconductor nanocrystals as fluorescent biological labels[J]. Science, 1998, 281(5385): 2013-2016.

[144] FREEMAN R, GIRSH J, WILLNER I. Nucleic acid/quantum dots (QDs) hybrid systems for optical and photoelectrochemical sensing[J]. ACS Applied Materials & Interfaces, 2013, 5(8): 2815-2834.

[145] ZHAO Q, ZHOU X, CAO T, et al. Fluorescent/phosphorescent dual-emissive conjugated polymer dots for hypoxia bioimaging[J]. Chemical Science, 2015, 6(3): 1825-1831.

[146] AMELIA M, LAVIE-CAMBOT A, MCCLENAGHAN N D, et al. A ratiometric luminescent oxygen sensor based on a chemically functionalized quantum dot[J]. Chemical Communications, 2011, 47(1): 325-327.

[147] PARK J, LEE J, KWAG J, et al. Quantum dots in an amphiphilic polyethyleneimine derivative platform for cellular labeling, targeting, gene delivery, and ratiometric oxygen sensing[J]. ACS Nano, 2015, 9(6): 6511-6521.

[148] WU C, BULL B, CHRISTENSEN K, et al. Ratiometric single-nanoparticle oxygen sensors for biological imaging[J]. Angewandte Chemie International Edition, 2009, 48(15): 2741-2745.

[149] HAASE M, SCHÄFER H. Upconverting nanoparticles[J]. Angewandte Chemie International Edition, 2011, 50(26): 5808-5829.

[150] CHEN G, QIU H, PRASAD P N, et al. Upconversion nanoparticles: design, nanochemistry, and applications in theranostics[J]. Chemical Reviews, 2014, 114(10): 5161-5214.

[151] WANG F, LIU X. Multicolor tuning of lanthanide-doped nanoparticles by single wavelength excitation[J]. Accounts of Chemical Research, 2014, 47(9): 1378-1385. (Note: The volume number in the original reference is missing the issue number, which is 9.)

[152] ZHANG Y, ZHANG L, DENG R, et al. Multicolor barcoding in a single upconversion crystal[J]. Journal of the American Chemical Society, 2014, 136(13): 4893-4896.

[153] WANG F, LIU X G. Upconversion multicolor fine-tuning: visible to near-infrared emission from lanthanide-doped NaYF4 nanoparticles[J].

Journal of the American Chemical Society, 2008, 130(17): 5642-5643.

[154] NAM S H, BAE Y M, PARK Y I, et al. Long-term real-time tracking of lanthanide ion doped upconverting nanoparticles in living cells[J]. Angewandte Chemie International Edition, 2011, 50(27): 6093-6097.

[155] LIU J, LIU Y, BU W, et al. Ultrasensitive nanosensors based on upconversion nanoparticles for selective hypoxia imaging in vivo upon near-infrared excitation[J]. Journal of the American Chemical Society, 2014, 136(5): 9701-9709.

[156] WAGNER T, HAFFER S, WEINBERGER C, et al. Mesoporous materials as gas sensors[J]. Chemical Society Reviews, 2013, 42(9): 4036-4053.

[157] BORSALI R, PECORA R. Chapter 22 in Soft Matter Characterization[M]. 2008.

[158] KATAOKA K, HARADA A, NAGASAKI Y. Block copolymer micelles for drug delivery: design, characterization and biological significance[J]. Advanced Drug Delivery Reviews, 2001, 47(1): 113-131.

[159] TORCHILIN V P. Micellar nanocarriers: pharmaceutical perspectives[J]. Pharmaceutical Research, 2007, 24(1): 1-16.

[160] NAKANISHI T, FUKUSHIMA S, OKAMOTO K, et al. Development of the polymer micelle carrier system for doxorubicin[J]. Journal of Controlled Release, 2001, 74(1-3): 295-302.

[161] YU J C, ZHANG Y Q, YE Y Q, et al. Microneedle-array patches loaded with hypoxia-sensitive vesicles provide fast glucose-responsive insulin delivery[J]. Proceedings of the National Academy of Sciences of the United States of America, 2015, 112(27): 8260-8265.

[162] YONG Y, ZHANG C F, GU Z J, et al. Polyoxometalate-based radiosensitization platform for treating hypoxic tumors by attenuating

radioresistance and enhancing radiation response[J]. ACS Nano, 2017, 11(7): 7164-7176.

[163] FENG L Z, CHENG L, DONG Z L, et al. Theranostic liposomes with hypoxia-activated prodrug to effectively destruct hypoxic tumors post-photodynamic therapy[J]. ACS Nano, 2017, 11(1): 927-937.

[164] ZHANG D, WU M, CAI Z X, et al. Chemotherapeutic drug based metal-organic particles for microvesicle-mediated deep penetration and programmable pH/NIR/hypoxia activated cancer photochemotherapy[J]. Advanced Science, 2018, 5(2): 1700648.

[165] XU R, WANG Y, DUAN X, et al. Nanoscale metal-organic frameworks for ratiometric oxygen sensing in live cells[J]. Journal of the American Chemical Society, 2016, 138(7): 2158-2161.

[166] CASEY R J, GRINSTEIN S, ORLOWSKI J. Sensors and regulators of intracellular pH[J]. Nature Reviews Molecular Cell Biology, 2011, 11(1): 56-61.

[167] LAGADIC-GOSSMANN D, HUC L, LECUREUR V. Alterations of intracellular pH homeostasis in apoptosis: origins and roles[J]. Cell Death and Differentiation, 2004, 11(9): 953-961.

[168] LIU R, LIU L, LIANG J, et al. Detection of pH change in cytoplasm of live myocardial ischemia cells via the ssDNA-SWCNTs nanoprobes[J]. Analytical Chemistry, 2014, 86(6): 3048-3052.

[169] IZUMI H, TORIGOE T, ISHIGUCHI H, et al. Cellular pH regulators: potentially promising molecular targets for cancer chemotherapy[J]. Cancer Treatment Reviews, 2003, 29(6): 541-549.

[170] MONASTYRSKAYA K, TSCHUMI F, BABIYCHUK E B, et al. Annexins sense changes in intracellular pH during hypoxia[J]. Biochemical Journal, 2008, 409(1): 65-75.

［171］ ZHANG J, LIU H W, HU X X, et al. Efficient two-photon fluorescent probe for nitroreductase detection and hypoxia imaging in tumor cells and tissues[J]. Analytical Chemistry, 2015, 87(23): 11832-11839.

［172］ PIAO W, TSUDA S, TANAKA Y, et al. Development of azo-based fluorescent probes to detect different levels of hypoxia[J]. Angewandte Chemie International Edition, 2013, 52(49): 13028-13032.

［173］ XIE Z Q, GUO W W, GUO N N, et al. Targeting tumor hypoxia with stimulus-responsive nanocarriers in overcoming drug resistance and monitoring anticancer efficacy[J]. Acta Biomaterialia, 2018, 71: 351-362.

［174］ FIERRO S, SEISHIMA R, NAGANO O, et al. In vivo pH monitoring using boron doped diamond microelectrode and silver needles: application to stomach disorder diagnosis[J]. Scientific Reports, 2013, 3: 3257.

［175］ ZHOU J, ZHANG L M, TIAN Y. Micro electrochemical pH sensor applicable for real-time ratiometric monitoring of pH values in rat brains [J]. Analytical Chemistry, 2016, 88(4): 2113-2118.

［176］ VAN CAPPELLEN VAN WALSUM A, RIJPKEMA M, HEERSCHAP A, et al. Cerebral 31P magnetic resonance spectroscopy and systemic acid-base balance during hypoxia in fetal sheep[J]. Pediatric Research, 2003, 54(5): 747-752.

［177］ NAKATA E, YUKIMACHI Y, KARIYAZONO H, et al. Design of a bioreductively-activated fluorescent pH probe for tumor hypoxia imaging [J]. Bioorganic & Medicinal Chemistry, 2009, 17(19): 6952-6958.

［178］ LEE M H, HAN J H, LEE J H, et al. Two-color probe to monitor a wide range of pH values in cells[J]. Angewandte Chemie International Edition, 2013, 52(24): 6206-6209.

［179］ SHI W, LI X H, MA H M. A tunable ratiometric pH sensor based on carbon nanodots for the quantitative measurement of the intracellular pH of whole cells[J]. Angewandte Chemie International Edition, 2012, 51(26): 6432-6435.

[180] CHU B B, WANG H Y, SONG B, et al. Fluorescent and photostable silicon nanoparticles sensors for real-time and long-term intracellular pH measurement in live cells[J]. Analytical Chemistry, 2016, 88(18): 9235-9242.

[181] CAMPION A, KAMBHAMPATI P. Surface-enhanced Raman scattering [J]. Chemical Society Reviews, 1998, 27(4): 241-250.

[182] WANG Y Q, YAN B, CHEN L X. SERS tags: novel optical nanoprobes for bioanalysis[J]. Chemical Reviews, 2013, 113(3): 1391-1428.

[183] PENG R Y, SI Y M, DENG T, et al. A novel SERS nanoprobe for the ratiometric imaging of hydrogen peroxide in living cells[J]. Chemical Communications, 2016, 52(55): 8553-8556.

[184] CAO Y, LI D W, ZHAO L J, et al. Highly selective detection of carbon monoxide in living cells by palladacycle carbonylation-based surface enhanced Raman spectroscopy nanosensors[J]. Analytical Chemistry, 2015, 87(19): 9696-9701.

[185] LI D W, QU L L, HU K, et al. Monitoring of endogenous hydrogen sulfide in living cells using surface-enhanced Raman scattering[J]. Angewandte Chemie International Edition, 2015, 54(43): 12758-12761.

[186] RIVERA-GIL P, VAZQUEZ-VAZQUEZ C, GIANNINI V, et al. Plasmonic nanoprobes for real-time optical monitoring of nitric oxide inside living cells[J]. Angewandte Chemie International Edition, 2013, 52(52): 13694-13698.

[187] MORE K N, LIM T H, KIM S Y, et al. Characteristics of new bioreductive fluorescent probes based on the xanthene fluorophore: Detection of nitroreductase and imaging of hypoxic cells[J]. Dyes and

Pigments, 2018, 151: 245-253.

[188] YUAN J, XU Y Q, ZHOU N N. A highly selective turn-on fluorescent probe based on semi-cyanine for the detection of nitroreductase and hypoxic tumor cell imaging[J]. RSC Advances, 2014, 4(99): 56207-56210.

[189] ZONG S F, WANG Z Y, YANG J, et al. Intracellular pH sensing using p-aminothiophenol functionalized gold nanorods with low cytotoxicity[J]. Analytical Chemistry, 2011, 83(11): 4178-4183.

[190] YE X C, JIN L H, CAGLAYAN H, et al. Improved size-tunable synthesis of monodisperse gold nanorods through the use of aromatic additives[J]. ACS Nano, 2012, 6(3): 2804-2817.

[191] WANG H Y, JIANG X X, HE Y. Highly sensitive and reproducible silicon-based surface-enhanced Raman scattering sensors for real applications [J]. Analyst, 2016, 141(17): 5010-5019.

[192] LUO R, LI Y, ZHOU Q, et al. SERS monitoring the dynamics of local pH in lysosome of living cells during photothermal therapy[J]. Analyst, 2016, 141(11): 3224-3227.

[193] ZHENG X S, HU P, CUI Y, et al. BSA-coated nanoparticles for improved SERS-based intracellular pH sensing[J]. Analytical Chemistry, 2014, 86 (24): 12250-12257.

[194] LI J M, LIU J Y, YANG Y, et al. Bifunctional Ag@Pd-Ag nanocubes for highly sensitive monitoring of catalytic reactions by surface-enhanced Raman spectroscopy[J]. Journal of the American Chemical Society, 2015, 137 (22): 7039-7042.

[195] HILL W, WEHLING B. Potential and pH-dependent surface-enhanced Raman scattering of p-mercapto aniline on silver and gold substrates[J]. The Journal of Physical Chemistry, 1993, 97(37): 9451-9455.

[196] NATIVO P, PRIOR I A, BRUST M. Uptake and intracellular fate of

surface-modified gold nanoparticles[J]. ACS Nano, 2008, 2(8): 1639-1644.

[197] WU Z, LIU G Q, YANG X L, et al. Electrostatic nucleic acid nanoassembly enables hybridization chain reaction in living cells for ultrasensitive mRNA imaging[J]. Journal of the American Chemical Society, 2015, 137(21): 6829-6836.

[198] XU D, HE Y, YEUNG E S. Direct imaging of transmembrane dynamics of single nanoparticles with darkfield microscopy: improved orientation tracking at cell sidewall[J]. Analytical Chemistry, 2014, 86(7): 3397-3404.

[199] ABAZA M, LUQMANI Y A. The influence of pH and hypoxia on tumor metastasis[J]. Expert Review of Anticancer Therapy, 2013, 13(10): 1229-1242.

[200] STAFSTROM C E, ROOPRA A. Seizure suppression via glycolysis inhibition with 2-deoxy-D-glucose (2DG)[J]. Epilepsia, 2008, 49(s8): 97-100.

[201] NEWMEYER D D, FERGUSON-MILLER S. Mitochondria: releasing power for life and unleashing the machineries of death[J]. Cell, 2003, 112(4): 481-490.

[202] CHAN D C. Mitochondria: dynamic organelles in disease, aging, and development[J]. Cell, 2006, 125(7): 1241-1252.

[203] TAIT S W G, GREEN D R. Mitochondria and cell death: outer membrane permeabilization and beyond[J]. Nature reviews Molecular cell biology, 2010, 11(9): 621-632.

[204] NOMURA K, IMAI H, KOUMURA T, et al. Mitochondrial phospholipid hydroperoxide glutathione peroxidase suppresses apoptosis mediated by a mitochondrial death pathway[J]. Journal of Biological Chemistry, 1999,

274(41): 29294-29302.

[205] SHE M T, YANG J W, ZHENG B X, LONG W, HUANG X H, LUO J R, CHEN Z X, LIU A L, CAI D P, WONG W L. Design mitochondria-specific fluorescent turn-on probes targeting G-quadruplexes for live cell imaging and mitophagy monitoring study. Chemical Engineering. Journal, 2022, 446: 136947-136961.

[206] MIZUSHIMA N, YOSHIMORI T, LEVINE B. Methods in mammalian autophagy research[J]. Cell, 2010, 140(3): 313-326.

[207] DOLMAN N J, CHAMBERS K M, MANDAVILLI B, et al. Tools and techniques to measure mitophagy using fluorescence microscopy[J]. Autophagy, 2013, 9(11): 1653-1662.

[208] LIN M T, BEAL M F. Mitochondrial dysfunction and oxidative stress in neurodegenerative diseases[J]. Nature, 2006, 443(7113): 787-795.

[209] MAHON K P, POTOCKY T B, BLAIR D, et al. Deconvolution of the cellular oxidative stress response with organelle-specific peptide conjugates [J]. Chemistry & Biology, 2007, 14(8): 923-930.

[210] FARRAR G J, CHADDERTON N, KENNA P F, et al. Mitochondrial disorders: aetiologies, model systems, and candidate therapies[J]. Trends in Genetics, 2013, 29(8): 488-497.

[211] LI L L, TAN J, MIAO Y Y, et al. ROS and autophagy: interactions and molecular regulatory mechanisms[J]. Cellular and Molecular Neurobiology, 2015, 35(5): 615-621.

[212] GIORDANO S, DARLEY-USMAR V, ZHANG J. Autophagy as an essential cellular antioxidant pathway in neurodegenerative disease[J]. Redox Biology, 2013, 2: 82-90.

[213] STOTLAND A, GOTTLIEB R A. Mitochondrial quality control: easy come, easy go[J]. Biochimica et Biophysica Acta (BBA)-Molecular Cell

Research, 2015, 1853(10): 2802-2811.

[214] KANKI T, FURUKAWA K, YAMASHITA S. Mitophagy in yeast: molecular mechanisms and physiological role[J]. Biochimica et Biophysica Acta (BBA)-Molecular Cell Research, 2015, 1853(10 Pt B): 2756-2765.

[215] SWANLUND J M, KREGEL K C, OBERLEY T D. Investigating autophagy: quantitative morphometric analysis using electron microscopy[J]. Autophagy, 2010, 6(2): 270-277.

[216] LIU H W, HU X X, LI K, et al. A mitochondrial-targeted prodrug for NIR imaging guided and synergetic NIR photodynamic-chemo cancer therapy [J]. Chemical Science, 2017, 8(11): 7689-7695.

[217] XIAO H B, LI P, HU X F, et al. Simultaneous fluorescence imaging of hydrogen peroxide in mitochondria and endoplasmic reticulum during apoptosis[J]. Chemical Science, 2016, 7(9): 6153-6159.

[218] LIU Y, ZHOU J, WANG L L, et al. A cyanine dye to probe mitophagy: simultaneous detection of mitochondria and autolysosomes in live cells [J]. Journal of the American Chemical Society, 2016, 138(38): 12368-12374.

[219] ZHANG W J, KWOK R T K, CHEN Y L, et al. Real-time monitoring of the mitophagy process by a photostable fluorescent mitochondrion-specific bioprobe with AIE characteristics[J]. Chemical Communications, 2015, 51(43): 9022-9025.

[220] LEE M H, PARK N, YI C, et al. Mitochondria-immobilized pH-sensitive off-on fluorescent probe[J]. Journal of the American Chemical Society, 2014, 136(40): 14136-14142.

[221] LIN Y X, QIAO S L, WANG Y, et al. An in situ intracellular self-assembly strategy for quantitatively and temporally monitoring autophagy [J]. ACS Nano, 2017, 11(2): 1826-1839.

[222] HE L, TAN C P, YE R R, et al. Theranostic iridium(III) complexes as one-and two-photon phosphorescent trackers to monitor autophagic lysosomes[J]. Angewandte Chemie International Edition, 2014, 53(45): 12137-12141.

[223] TORCHILIN V P, RAMMOHAN R, WEISSIG V, et al. Tat peptide on the surface of liposomes affords their efficient intracellular delivery even at low temperature and in the presence of metabolic inhibitors[J]. Proceedings of the National Academy of Sciences of the United States of America, 2001, 98(15): 8786-8791.

[224] YUAN P Y, ZHANG H L, QIAN L H, et al. Intracellular delivery of functional native antibodies under hypoxic conditions by using a biodegradable silica nanoquencher[J]. Angewandte Chemie International Edition, 2017, 56(41): 12481-12485.

[225] NATIVO P, PRIOR I A, BRUST M, et al. Uptake and intracellular fate of surface-modified gold nanoparticles[J]. ACS Nano, 2008, 2(8): 1639-1644.

[226] NIU G L, ZHANG P P, LIU W M, et al. Near-infrared probe based on rhodamine derivative for highly sensitive and selective lysosomal pH tracking[J]. Analytical Chemistry, 2017, 89(3): 1922-1929.

[227] YANG S, QI Y, LIU C H, et al. Design of a simultaneous target and location-activatable fluorescent probe for visualizing hydrogen sulfide in lysosomes[J]. Analytical Chemistry, 2014, 86(15): 7508-7515.

[228] WEN H, HUANG Q, YANG X F, et al. Spirolactamized: a new platform to construct ratiometric fluorescent probes[J]. Chemical Communications, 2013, 49(43): 4956-4958.

[229] STOYANOVSKY D A, JIANG J F, MURPHY M P, et al. Design and synthesis of a mitochondria-targeted mimic of glutathione peroxidase,

mitoebselen-2, as a radiation mitigator[J]. ACS Medicinal Chemistry Letters, 2014, 5(12): 1304-1307.

[230] KULKARNI P, HALDAR M K, KATT P, et al. Hypoxia responsive, tumor penetrating lipid nanoparticles for delivery of chemotherapeutics to pancreatic cancer cell spheroids[J]. Bioconjugate Chemistry, 2016, 27(8): 1830-1838.

[231] CAO Z Q, WU H, DONG J, et al. Quadruple-stimuli-sensitive polymeric nanocarriers for controlled release under combined stimulation[J]. Macromolecules, 2014, 47(24): 8777-8783.

[232] HUANG J, YING L, YANG X H, et al. Ratiometric fluorescent sensing of pH values in living cells by dual-fluorophore-labeled i-motif nanoprobes[J]. Analytical Chemistry, 2015, 87(17): 8724-8731.

[233] LI S L, CHEN T, WANG Y, et al. Conjugated polymer with intrinsic alkyne units for synergistically enhanced Raman imaging in living cells [J]. Angewandte Chemie International Edition, 2017, 56(43): 13455-13458.

[234] ZHANG L, WANG Y, ZHANG X B, et al. Enzyme and redox dual-triggered intracellular release from actively targeted polymeric micelles [J]. ACS Applied Materials & Interfaces, 2017, 9(4): 3388-3399.

[235] LI Z, LI X H, GAO X H, et al. Nitroreductase detection and hypoxic tumor cell imaging by a designed sensitive and selective fluorescent probe, 7-[(5-Nitrofuran-2-yl)methoxy]-3H-phenoxazin-3-one[J]. Analytical Chemistry, 2013, 85(8): 3926-3932.

[236] ZHANG J, LIU H W, HU X X, et al. Efficient two-photon fluorescent probe for nitroreductase detection and hypoxia imaging in tumor cells and tissues[J]. Analytical Chemistry, 2015, 87(8): 11832-11839.

[237] KLUCKEN J, POEHLER A M, EBRAHIMI-FAKHARI D, et al. Alpha-

synuclein aggregation involves a bafilomycin A1-sensitive autophagy pathway[J]. Autophagy, 2012, 8(5): 754-766.

[238] ZHANG J H, ZHU Y C, SHI Y, et al. Fluoride-induced autophagy via the regulation of phosphorylation of mammalian targets of rapamycin in mice leydig cells[J]. Journal of Agricultural and Food Chemistry, 2017, 65(40): 8966-8976.

[239] SARKAR A R, HEO C H, XU L, et al. A ratiometric two-photon probe for quantitative imaging of mitochondrial pH values[J]. Chemical Science, 2016, 7(1): 766-773.

[240] THOMAS A P, PALANIKUMAR L, JEENA M T, et al. Cancer-mitochondria-targeted photodynamic therapy with supramolecular assembly of HA and a water soluble NIR cyanine dye[J]. Chemical Science, 2017, 8(12): 8351-8356.

[241] DOLMANS D, FUKUMURA D, JAIN R K, et al. Photodynamic therapy for cancer[J]. Nature Reviews Cancer, 2003, 3: 380-387.

[242] PIAO W, HANAOKA K, FUJISAWA T, et al. Development of an azo-based photosensitizer activated under mild hypoxia for photodynamic therapy [J]. Journal of the American Chemical Society, 2017, 139(39): 13713- 13719.

[243] PERCHE F, BISWAS S, WANG T, et al. Hypoxia-targeted siRNA delivery[J]. Angewandte Chemie International Edition, 2014, 53(13): 3362-3366.

[244] CHEVALIER A, RENARD P Y, ROMIEU A. Azo-based fluorogenic probes for biosensing and bioimaging: recent advances and upcoming challenges[J]. Chemistry an Asian Journal, 2017, 12(16): 2008-2028.

[245] LIU Y J, LIU W, LI H J, et al. Two-photon fluorescent probe for detection of nitroreductase and hypoxia-specific microenvironment of

cancer stem cell[J]. Analytica Chimica Acta, 2018, 1024: 177-186.

[246] LUO S Z, ZOU R F, WU J C, et al. A probe for detection of hypoxic cancer cells[J]. ACS sensors, 2017, 2(8): 1139-1145.

[247] RODRIGUEZ-ENRIQUEZ S, KIM I, CURRIN R T, et al. Tracker dyes to probe mitochondrial autophagy (mitophagy) in rat hepatocytes[J]. Autophagy, 2006, 2(1): 39-46.

[248] LI M, KIM K L, MURRAY J, et al. Autophagy caught in the act: a supramolecular FRET pair based on an ultrastable synthetic host-guest complex visualizes autophagosome-lysosome fusion[J]. Angewandte Chemie International Edition, 2018, 57(8): 2120-2125.

[249] CHEN X Q, PRADHAN T, WANG F, et al. Fluorescent chemosensors based on spiroring-opening of xanthenes and related derivatives[J]. Chemical Reviews, 2012, 112(3): 1910-1956.

[250] YOSHIMORI T, YAMAMOTO A, MORIYAMA Y, et al. Bafilomycin A1, a specific inhibitor of vacuolar-type H(+)-ATPase, inhibits acidification and protein degradation in lysosomes of cultured cells[J]. Journal of Biological Chemistry, 1991, 266(26): 17707-17712.

[251] ALHASAN A H, KIM D Y, DANIEL W L, et al. Scanometric microRNA array profiling of prostate cancer markers using spherical nucleic acid-gold nanoparticle conjugates[J]. Analytical Chemistry, 2012, 84(9): 4153-4160.

[252] LU J, GETZ G, MISKA E A, et al. MicroRNA expression profiles classify human cancers[J]. Nature, 2005, 435(7043): 834-838.

[253] JIN Z W, GEIßLER D, QIU X, et al. A rapid, amplification-free, and sensitive diagnostic assay for single-step multiplexed fluorescence detection of microRNA[J]. Angewandte Chemie International Edition, 2015, 54(34): 10024-10029.

[254] KILIC T, TOPKAYA S N, ARIKSOYSAL D O, et al. Electrochemical based detection of microRNA, mir21 in breast cancer cells[J]. Biosensors and Bioelectronics, 2012, 38(1): 195-201.

[255] SCOTT A W, GARIMELLA V, CALABRESE C M, et al. Universal biotin- PEG-linked gold nanoparticle probes for the simultaneous detection of nucleic acids and proteins[J]. Bioconjugate Chemistry, 2017, 28(1): 203- 211.

[256] VALADI H, EKSTRÖM K, BOSSIOS A, et al. Exosome-mediated transfer of mRNAs and microRNAs is a novel mechanism of genetic exchange between cells[J]. Nature Cell Biology, 2007, 9(6): 654-659.

[257] VAN DER POL E, BÖING A N, HARRISON P, et al. Classification, functions, and clinical relevance of extracellular vesicles[J]. Pharmacological Reviews, 2012, 64(3): 676-705.

[258] HUANG X, YUAN T, TSCHANNEN M, et al. Characterization of human plasma-derived exosomal RNAs by deep sequencing[J]. BMC Genomics, 2013, 14(1): 319.

[259] ALEGRE E, ZUBIRI L, PEREZ-GRACIA J L, et al. Circulating melanoma exosomes as diagnostic and prognosis biomarkers[J]. Clinica Chimica Acta, 2016, 454: 28-32.

[260] CHEN C F, RIDZON D A, BROOMER A J, et al. Real-time quantification of microRNAs by stem-loop RT-PCR[J]. Nucleic Acids Research, 2005, 33(20): e179.

[261] SIMPSON R J, JENSEN S S, LIM J W E, et al. Proteomic profiling of exosomes: current perspectives[J]. Proteomics, 2008, 8(19): 4083-4099.

[262] HU T X, ZHANG L, WEN W, et al. Enzyme catalytic amplification of miRNA-155 detection with graphene quantum dot-based electrochemical biosensor[J]. Biosensors and Bioelectronics, 2016, 77: 451-456.

［263］TRAN H V, PIRO B, REISBERG S, et al. An electrochemical ELISA-like immunosensor for miRNAs detection based on screen-printed gold electrodes modified with reduced graphene oxide and carbon nanotubes[J]. Biosensors and Bioelectronics, 2014, 62: 25-30.

［264］HASSANAIN W A, LZAKE E L, SCHMIDT M S, et al. Gold nanomaterials for the selective capturing and SERS diagnosis of toxins in aqueous and biological fluids[J]. Biosensors and Bioelectronics, 2017, 91: 664-672.

［265］ANDO J, ASANUMA M, DODO K, et al. Alkyne-tag SERS screening and identification of small-molecule-binding sites in protein[J]. Journal of the American Chemical Society, 2016, 138(42): 13901-13910.

［266］YE S J, WU Y Y, ZHAI X M, et al. Asymmetric signal amplification for simultaneous SERS detection of multiple cancer markers with significantly different levels[J]. Analytical Chemistry, 2015, 87(16): 8242-8249.

［267］SU J, WANG D F, NÖRBEL L, et al. Multicolor gold-silver nano-mushrooms as ready-to-use SERS probes for ultrasensitive and multiplex DNA/miRNA detection[J]. Analytical Chemistry, 2017, 89(4): 2531-2538.

［268］WANG Y, YAN B, CHEN L. SERS tags: novel optical nanoprobes for bioanalysis[J]. Chemical Reviews, 2012, 113(3): 1391-1428.

［269］PANG Y F, WANG C W, WANG J, et al. Fe3O4@Ag magnetic nanoparticles for microRNA capture and duplex-specific nuclease signal amplification based SERS detection in cancer cells[J]. Biosensors and Bioelectronics, 2016, 79: 574-580.

［270］LU W, CHEN Y, LIU Z, et al. Quantitative detection of microRNA in one step via next generation magnetic relaxation switch sensing[J]. Acs Nano, 2016, 10(7): 6685-6692.

[271] ZHANG K, WANG K, ZHU X, et al. Sensitive detection of microRNA in complex biological samples by using two stages DSN-assisted target recycling signal amplification method[J]. Biosensors and Bioelectronics, 2017, 87: 358-364.

[272] JI X H, SONG X N, LI J, et al. Size control of gold nanocrystals in citrate reduction: the third role of citrate[J]. Journal of the American Chemical Society, 2007, 129(45): 13939-13948.

[273] CHEN Z, YU D, HUANG Y, et al. Tunable SERS-tags-hidden gold nanorattles for theranosis of cancer cells with single laser beam[J]. Scientific Reports, 2014, 4(1): 6709.

[274] MELO S A, LUECKE L B, KAHLERT C, et al. Glypican-1 identifies cancer exosomes and detects early pancreatic cancer[J]. Nature, 2015, 523(7559): 177-182.

[275] KROH E M, PARKIN P K, MITCHELL P S, et al. Analysis of circulating microRNA biomarkers in plasma and serum using quantitative reverse transcription-PCR (qRT-PCR)[J]. Methods, 2010, 50(4): 298-301.

[276] SUTTER E, JUNGJOHANN K, BLIZNAKOV S, et al. In situ liquid-cell electron microscopy of silver-palladium galvanic replacement reactions on silver nanoparticles[J]. Nature Communications, 2014, 5: 4946.

[277] CHEVILLET J R, KANG Q, RUF I K, et al. Quantitative and stoichiometric analysis of the microRNA content of exosomes[J]. Proceedings of the National Academy of Sciences of the United States of America, 2014, 111(41): 14888-14893.

[278] VAN E, BÖING A N, HARRISON P, et al. Classification, functions, and clinical relevance of extracellular vesicles[J]. Pharmacological Reviews, 2012, 64(3): 676-705.

[279] BLACKBURN E H. Telomere states and cell fates[J]. Nature, 2000,

408(6808): 53-56.

[280] HAMMOND P W, CECH T R. dGTP-dependent processivity and possible template switching of euplotes telomerase[J]. Nucleic Acids Research, 1997, 25(18): 3698-3704.

[281] BAUR J A, ZOU Y, SHAY J W, et al. Telomere position effect in human cells[J]. Science, 2001, 292(5524): 2075-2077.

[282] SHAY J W, BACCHETTI S. A survey of telomerase activity in human cancer[J]. European Journal of Cancer, 1997, 33(5): 787-791.

[283] BLASCO M A. Telomeres and human disease: ageing, cancer and beyond [J]. Nature Reviews Genetics, 2005, 6(8): 611-622.

[284] ARNDT G M, MACKENZIE K L. New prospects for targeting telomerase beyond the telomere[J]. Nature Reviews Cancer, 2016, 16(6): 508-524.

[285] ZHOU X M, XING D. Assays for human telomerase activity: progress and prospects[J]. Chemical Society Reviews, 2012, 41(13): 4643-4656.

[286] HAHN W C, STEWART S A, BROOKS M W, et al. Inhibition of telomerase limits the growth of human cancer cells[J]. Nature Medicine, 1999, 5(10): 1164-1170.

[287] COHEN S B, GRAHAM M E, LOVRECZ G O, et al. Protein composition of catalytically active human telomerase from immortal cells [J]. Science, 2007, 315(5815): 1850-1853.

[288] HERBERT B S, HOCHREITER A E, WRIGHT W E, et al. Nonradioactive detection of telomerase activity using the telomeric repeat amplification protocol[J]. Nature Protocols, 2006, 1(3): 1583-1590.

[289] KIM N W, WU F. Advances in quantification and characterization of telomerase activity by the telomeric repeat amplification protocol (TRAP) [J]. Nucleic Acids Research, 1997, 25(13): 2595-2597.

[290] SU D, HUANG X Y, DONG C Q, et al. Quantitative determination of

telomerase activity by combining fluorescence correlation spectroscopy with telomerase repeat amplification protocol[J]. Analytical Chemistry, 2017, 90(1): 1006-1013.

[291] DONG P F, ZHU L Y, HUANG J, et al. Electrocatalysis of cerium metal-organic frameworks for ratiometric electrochemical detection of telomerase activity[J]. Biosensors and Bioelectronics, 2019, 138: 111313.

[292] YU T, ZHAO W, XU J J, et al. A PCR-free colorimetric strategy for visualized assay of telomerase activity[J]. Talanta, 2018, 178: 594-599.

[293] SHARON E, FREEMAN R, RISKIN M, et al. Optical, electrical and surface plasmon resonance methods for detecting telomerase activity[J]. Analytical Chemistry, 2010, 82(20): 8390-8397.

[294] WU Q L, LIU Z J, SU L, et al. Sticky-flares for in situ monitoring of human telomerase RNA in living cells[J]. Nanoscale, 2018, 10(19): 9386-9392.

[295] CHEN X L, DENG Y Y, CAO G H, et al. An ultrasensitive and point-of-care sensor for the telomerase activity detection[J]. Analytica Chimica Acta, 2021, 1146: 61-69.

[296] YU T, ZHAO W, XU J J, CHEN H Y. A PCR-free colorimetric strategy for visualized assay of telomerase activity[J]. Talanta, 2018, 178: 594-599.

[297] GEIßLER D, HILDEBRANDT N. Recent developments in Förster resonance energy transfer (FRET) diagnostics using quantum dots[J]. Analytical and Bioanalytical Chemistry, 2016, 408(20): 4475-4483.

[298] JIN S, WU C, YING Y, et al. Magnetically separable and recyclable bamboo-like carbon nanotube-based FRET assay for sensitive and selective detection of Hg^{2+}[J]. Analytical and Bioanalytical Chemistry, 2020, 412(17): 3779-3786.

[299] YANG Y J, HUANG J, YANG X H, et al. FRET nanoflares for intracellular mRNA detection: avoiding false positive signals and minimizing effects of system fluctuations[J]. Journal of the American Chemical Society, 2015, 137(26): 8340-8343.

[300] HU J, LIU M H, ZHANG C Y. Construction of tetrahedral DNA quantum dot nanostructure with the integration of multistep Förster resonance energy transfer for multiplex enzymes assay[J]. ACS Nano, 2019, 13(6): 7191-7201.

[301] TAO DENG T, PENG Y A, ZHANG R, et al. Water-solubilizing hydrophobic ZnAgInSe/ZnS QDs with tumor-targeted cRGD-sulfobetaine-PIMA-histamine ligands via a self-assembly strategy for bioimaging[J]. ACS Applied Materials & Interfaces, 2017, 9(13): 11405-11414.

[302] SINGH N, CHARAN S, SANJIV K, et al. Synthesis of tunable and multifunctional Ni-doped near-infrared QDs for cancer cell targeting and cellular sorting[J]. Bioconjugate Chemistry, 2012, 23(3): 421-430.

[303] SINGH V K, MISHRA H S, ALI R, et al. In situ functionalized fluorescent WS_2-QDs as sensitive and selective probe for Fe^{3+} and a detailed study of its fluorescence quenching[J]. Applied Nanomaterials, 2019, 2(1): 566-576.

[304] JIAO X Y, ZHOU Y B, ZHAO D, et al. An indirect ELISA-inspired dual-channel fluorescent immunoassay based on MPA-capped CdTe/ZnS QDs[J]. Analytical and Bioanalytical Chemistry, 2019, 411(17): 5437-5444.

[305] KANIYANKANDY S, VERMA S. Role of core−shell formation in exciton confinement relaxation in dithiocarbamate-capped CdSe QDs[J]. Journal of Physical Chemistry Letters, 2017, 8(14): 3228-3233.

[306] HILDEBRANDT N, SPILLMANN C M, PONS T, et al. Energy transfer with semiconductor quantum dot bioconjugates: A versatile platform for

biosensing, energy harvesting, and other developing applications[J]. Chemical Reviews, 2017, 117(2): 536-711.

[307] CHEN J R, SUN N, CHEN H H, et al. A FRET-based detection of N-acetylneuraminic acid using CdSe/ZnS quantum dot and exonuclease III-assisted recycling amplification strategy[J]. Food Chemistry, 2022, 367: 130754.

[308] YANG G H, ZHANG Q, MA L, et al. Sensitive detection of telomerase activity in cells using a DNA-based fluorescence resonance energy transfer nanoprobe[J]. Analytica Chimica Acta, 2020, 1098(15): 133-139.

[309] SANTOS M C D, ALGAR W R, MEDINTZ I L, et al. Quantum dots for Förster resonance energy transfer (FRET)[J]. TrAC Trends in Analytical Chemistry, 2020, 125: 115819.

[310] ZHANG Y, LI Q N, ZHOU K Y, et al. Identification of specific N6-methyladenosine RNA demethylase FTO inhibitors by single-quantum-dot-based FRET nanosensors[J]. Analytical Chemistry, 2020, 92(20): 13936-13944.

[311] HONG M, XU L D, XUE Q W, et al. Fluorescence imaging of intracellular telomerase activity using enzyme-free signal amplification [J]. Analytical Chemistry, 2016, 88(24): 12177-12182.

[312] QIAN R C, DING L, YAN L W, et al. Smart vesicle kit for in situ monitoring of intracellular telomerase activity using a telomerase- responsive probe[J]. Analytical Chemistry, 2014, 86(17): 8642-8648.

[313] BLACKBURN E H. Switching and signaling at the telomere[J]. Cell, 2001, 106(6): 661-673.

[314] LIU L, SALDANHA S N, PATE M S, et al. Epigenetic regulation of human telomerase reverse transcriptase promoter activity during cellular differentiation[J]. Genes Chromosomes & Cancer, 2004, 41(1): 26-37.

[315] LIU L, LAI S, ANDREWS L G, et al. Genetic and epigenetic modulation of telomerase activity in development and disease[J]. Gene, 2004, 340(1): 1-10.

[316] DOMINICK P K, KEPPLER B R, Legassie J D, et al. Nucleic acid-binding ligands identify new mechanisms to inhibit telomerase[J]. Bioorganic & Medicinal Chemistry Letters, 2004, 14(17): 3467-3471.

[317] BLACKBURN E H. Telomerases[J]. Annual Review of Biochemistry, 1992, 61: 113-129.

[318] KIM N W, WU F. Advances in quantification and characterization of telomerase activity by the telomeric repeat amplification protocol (TRAP)[J]. Nucleic Acids Research, 1997, 25(12): 2595-2597.

[319] KANG H J, CUI Y, YIN H, et al. A pharmacological chaperone molecule induces cancer cell death by restoring tertiary DNA structures in mutant hTERT promoters[J]. Journal of the American Chemical Society, 2016, 138(43): 13673-13692.

[320] LI Y, TERGAONKAR V. Noncanonical functions of telomerase: implications in telomerase-targeted cancer therapies[J]. Cancer Research, 2014, 74(7): 1639-1644.

[321] MCKELVEY B A, UMBRICHT C B, ZEIGER M A. Telomerase reverse transcriptase (TERT) regulation in thyroid cancer: a review[J]. Frontiers in Endocrinology, 2020, 11: 485.

[322] MIURA N, KANAMORI Y, TAKAHASHI M, et al. A diagnostic evaluation of serum human telomerase reverse transcriptase mRNA as a novel tumor marker for gynecologic malignancies[J]. Oncology Reports, 2007, 17(3): 541-548.

[323] TERRIN L, RAMPAZZO E, PUCCIARELLI S, et al. Relationship between tumor and plasma levels of hTERT mRNA in patients with

colorectal cancer: implications for monitoring of neoplastic disease[J]. Clinical Cancer Research, 2008, 14(21): 7444-7451.

[324] CHEN X Q, BONNEFOI H, PELTE M F, et al. Telomerase RNA as a detection marker in the serum of breast cancer patients[J]. Clinical Cancer Research, 2000, 6(12): 3823-3826.

[325] GERTLER R, ROSENBERG R, STRICKER D, et al. Prognostic potential of the telomerase subunit human telomerase reverse transcriptase in tumor tissue and nontumorous mucosa from patients with colorectal carcinoma[J]. Cancer, 2002, 95(11): 2103-2111.

[326] KHATTAR E, TERGAONKAR V. Transcriptional regulation of telomerase reverse transcriptase (TERT) by MYC[J]. Frontiers in Cell and Developmental Biology, 2017, 5: 1.

[327] DANIEL M, PEEK G W, TOLLEFSBOL T O. Regulation of the human catalytic subunit of telomerase (hTERT)[J]. Gene, 2012, 498(1): 135-146.

[328] ZANETTI M. A second chance for telomerase reverse transcriptase in anticancer immunotherapy[J]. Nature Reviews Clinical Oncology, 2017, 14(2): 115-128.

[329] MAID Y, YASUKAWA M, GHILOTTI M, et al. Semi-quantitative detection of RNA-dependent RNA polymerase activity of human telomerase reverse transcriptase protein[J]. Journal of Visualized Experiments, 2018(136): e57021.

[330] WORMALD B W, MOSER N, DESOUZA N M, et al. Lab-on-chip assay of tumour markers and human papilloma virus for cervical cancer detection at the point-of-care[J]. Scientific Reports, 2022, 12(1): 8750.

[331] HIYAMA E, HIYAMA K, YOKOYAMA T, et al. Immunohistochemical detection of telomerase (hTERT) protein in human cancer tissues and a subset of cells in normal tissues[J]. Neoplasia, 2001, 3(1): 17-26.

[332] HANDA H, MATSUSHIMA T, NISHIMOTO N, et al. Flow cytometric detection of human telomerase reverse transcriptase (hTERT) expression in a subpopulation of bone marrow cells[J]. Leukemia Research, 2010, 34(2): 177-183.

[333] HASHIMOTO Y, MURAKAMI Y, UEMURA K, et al. Detection of human telomerase reverse transcriptase (hTERT) expression in tissue and pancreatic juice from pancreatic cancer[J]. Surgery, 2008, 143(1): 113-125.

[334] JUNG K O, YOUN H, KIM S H, et al. A new fluorescence/PET probe for targeting intracellular human telomerase reverse transcriptase (hTERT) using Tat peptide-conjugated IgM[J]. Biochemical and Biophysical Research Communications, 2016, 477(1): 483-489.

[335] KOTOULA V, BOBOS M, KOSTOPOULOS I, et al. In situ detection of hTERT variants in anaplastic large cell lymphoma[J]. Leukemia & Lymphoma, 2006, 47(11): 1639-1650.

[336] KAMMORI M, NAKAMURA K I, OGAWA T, et al. Demonstration of human telomerase reverse transcriptase (hTERT) in human parathyroid tumours by in situ hybridization with a new oligonucleotide probe[J]. Clinical Endocrinology, 2003, 58(1): 43-48.

[337] SUGISHITA Y, KAMMORI M, YAMADA O, et al. Biological differential diagnosis of follicular thyroid tumor and Hürthle cell tumor on the basis of telomere length and hTERT expression[J]. Annals of Surgical Oncology, 2014, 21(6): 2318-2325.

[338] DOSS C G P, DEBAJYOTI C, DEBOTTAM S. The impact of gold nanoparticles on hTERT gene expression leading to termination of malignant tumor[J]. Gene, 2012, 493(2): 140-141.

[339] MOUSAZADEH H, BONABI E, ZARGHAMI N. Stimulus-responsive

drug/gene delivery system based on polyethylenimine cyclodextrin nanoparticles for potential cancer therapy[J]. Carbohydrate Polymers, 2022, 276: 118747.

[340] SUN H X, HONG M, YANG Q Q, et al. Visualizing the down-regulation of hTERT mRNA expression using gold-nanoflare probes and verifying the correlation with cancer cell apoptosis[J]. Analyst, 2019, 144(12): 2994-3004.

[341] POURHASSAN-MOGHADDAM M, ZARGHAMI N, MOHSENIFAR A, et al. Gold nanoprobe-based detection of human telomerase reverse transcriptase (hTERT) gene expression[J]. IEEE Transactions on Nanobioscience, 2015, 14(4): 485-490.

[342] XU H N, CHEN H J, ZHENG B Y, et al. Preparation and sonodynamic activities of water-soluble tetra-α-(3-carboxyphenoxyl) zinc (II) phthalocyanine and its bovine serum albumin conjugate[J]. Ultrasonics Sonochemistry, 2015, 22(1): 125-131.

[343] MA J L, LU X F, ZHAI H L, et al. Rational design of a near-infrared fluorescence probe for highly selective sensing butyrylcholinesterase (BChE) and its bioimaging applications in living cells[J]. Talanta, 2020, 219: 121278.

[344] LEE S H, CHOI D S, KUK S K, et al. Photobiocatalysis: activating redox enzymes by direct or indirect transfer of photoinduced electrons[J]. Angewandte Chemie International Edition, 2018, 57(27): 7958-7985.

[345] LIU H W, CHEN L L, XU C Y, et al. Recent progresses in small-molecule enzymatic fluorescent probes for cancer imaging[J]. Chemical Society Reviews, 2018, 47(14): 7140-7180.

[346] NOBELI I, FAVIA A, THORNTON J M. Protein promiscuity and its implications for biotechnology[J]. Nature Biotechnology, 2009, 27(2):

157-167.

[347] GREENBAUM D, MEDZIHRADSZKY K F, Burlingame A L, et al. Epoxide electrophiles as activity-dependent cysteine protease profiling and discovery tools[J]. Chemistry & Biology, 2000, 7(1): 69-81.

[348] TALARI F S, BAGHERZADEH K, GOLESTANIAN S, et al. Potent human telomerase inhibitors: molecular dynamic simulations, multiple pharmacophore- based virtual screening, and biochemical assays[J]. Journal of Chemical Information and Modeling, 2015, 55(12): 2596-2610.

[349] YIK M Y, AZLAN A, RAJASEGARAN Y, et al. Mechanism of human telomerase reverse transcriptase (hTERT) regulation and clinical impacts in leukemia[J]. Genes, 2021, 12(7): 1188.

附录 化合物的 MS 和 NMR 谱图

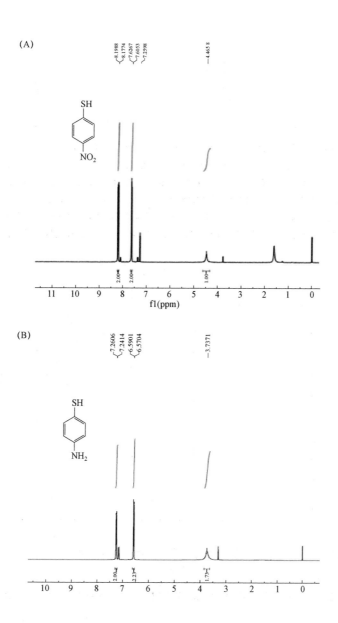

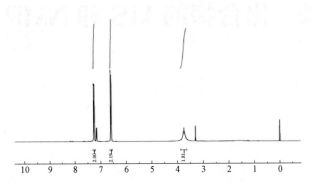

附图 1　第 2 章（A）化合物 4-NTP 的 ¹H NMR（400 MHz，CDCl₃）图，δ 8.19（d，J=8.6 Hz，2H），7.62（d，J=8.6 Hz，2H），4.47（s，1H），（B）4-ATP，δ 7.25（d，J=7.6 Hz，2H），6.58（d，J=7.8 Hz，2H），3.74（s，2H）.
（B）化合物 4-ATP 的 ¹H NMR（400 MHz，CDCl₃）图，δ 7.25（d，J=7.6 Hz，2H），6.58（d，J=7.8 Hz，2H），3.74（s，2H），（C）NTR 还原 4-NTP 之后产物的 ¹H NMR（400 MHz，CDCl₃）图，δ 7.25（d，J=7.8 Hz，2H），6.58（d，J=8.0 Hz，2H），3.74（s，2H）

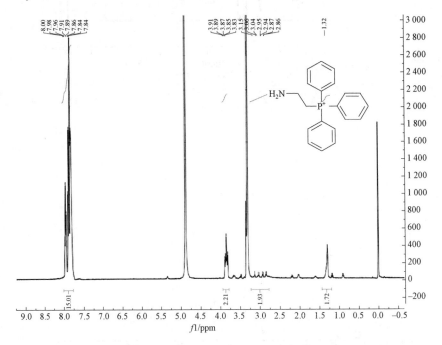

附图 2　第 3 章　化合物 AETP 的 ¹H NMR 图（400 MHz，298 K，CD3OD）

附录　化合物的 MS 和 NMR 谱图

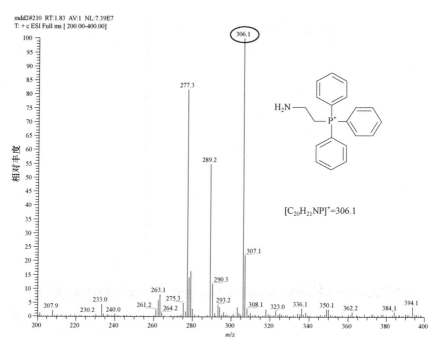

附图 3　第 3 章　化合物 AETP 的 HRMS-ESI 图

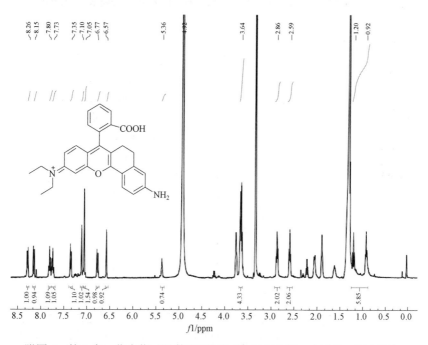

附图 4　第 3 章　化合物 rHP 的 ^{1}H NMR 图（400 MHz，298 K，CD3OD）

191

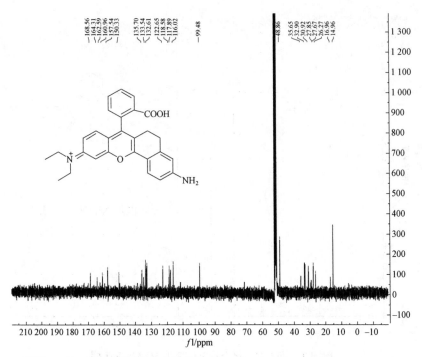

附图 5　第 3 章　化合物 rHP 的 ^{13}C NMR 图（100 MHz，298 K，CD3OD）

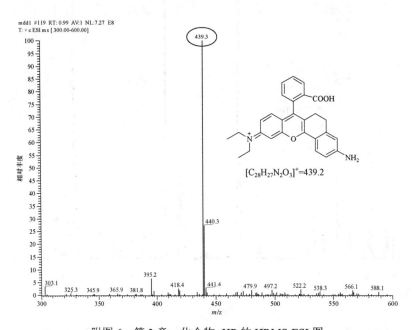

附图 6　第 3 章　化合物 rHP 的 HRMS-ESI 图

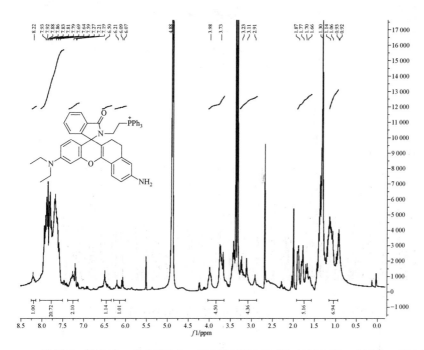

附图 7　第 3 章　化合物 Mito-rHP 的 ¹H NMR 图（400 MHz，298 K，CD3OD）

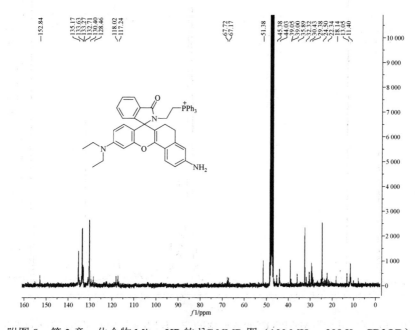

附图 8　第 3 章　化合物 Mito-rHP 的 ¹³C NMR 图（100 MHz，298 K，CD3OD）

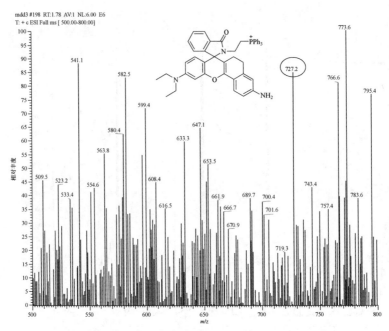

附图 9　第 3 章　化合物 Mito-rHP 的 HRMS-ESI 图

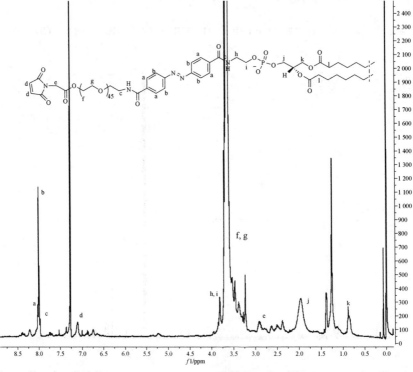

附图 10　第 3 章　化合物 Mal-PEG2000-Azo-DSPE 的 ^{1}H NMR 图（400 MHz，298 K，CD3OD）

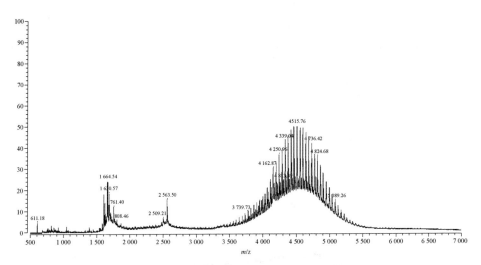

附图 11　第 3 章　化合物 Mal-PEG2000-Azo-DSPE 的 MALDI-TOF

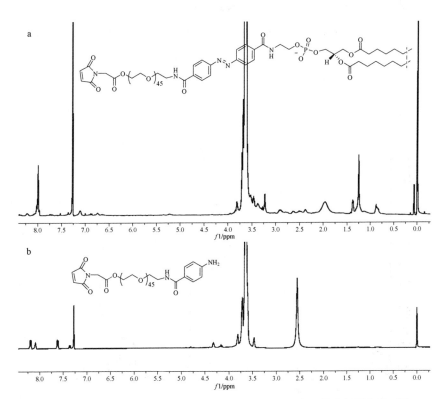

附图 12　第 3 章　化合物 Mal-PEG2000-Azo-DSPE 在正常含氧量条件下的
^{1}H NMR（a）和缺氧条件下 ^{1}H NMR（b）；缺氧条件：肝微粒（75 μg/mL）、
NADPH（50 μmol/L）溶液中通入 N2，缺氧 8 h

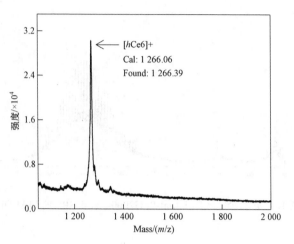

附图 13　第 3 章　化合物 hCe6 的 MALDI-TOF

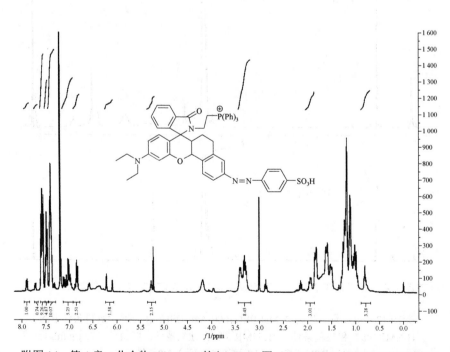

附图 14　第 4 章　化合物 MiAzoR1 的 ^{1}H NMR 图（400 MHz，298 K，CD3OD）

附录　化合物的 MS 和 NMR 谱图

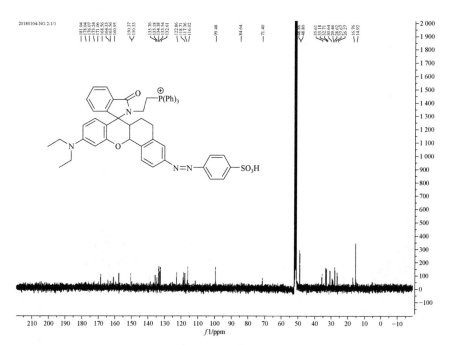

附图 15　第 4 章　化合物 MiAzoR1 的 ^{13}C NMR 图（100 MHz，298 K，CD3OD）

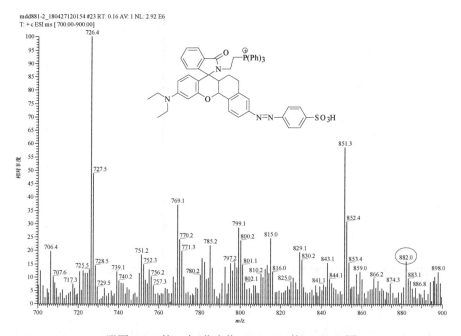

附图 16　第 4 章　化合物 MiAzoR1 的 MS-ESI 图

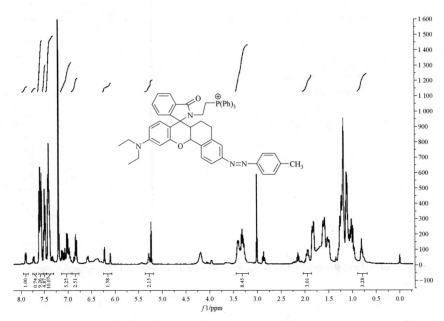

附图 17　第 4 章　化合物 MiAzoR2 的 ^{1}H NMR 图（400 MHz，298 K，CD3OD）

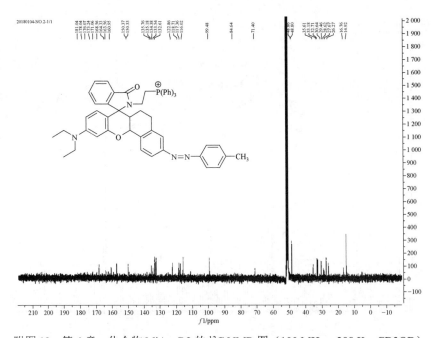

附图 18　第 4 章　化合物 MiAzoR2 的 ^{13}C NMR 图（100 MHz，298 K，CD3OD）

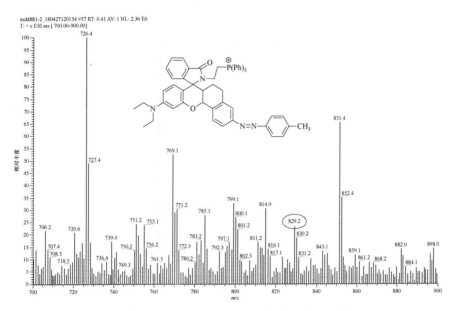

附图 19　第 4 章　化合物 MiAzoR2 的 MS-ESI 图

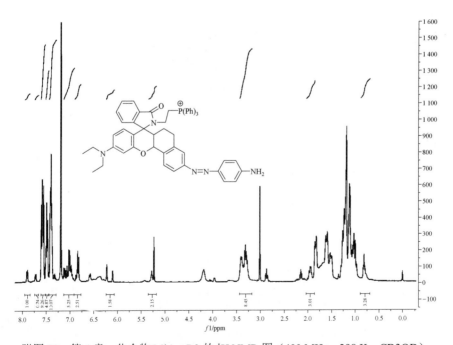

附图 20　第 4 章　化合物 MiAzoR3 的 ^{1}H NMR 图（400 MHz，298 K，CD3OD）

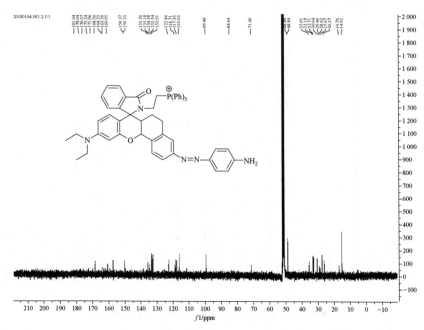

附图 21　第 4 章　化合物 MiAzoR3 的 ^{13}C NMR 图（100 MHz，298 K，CD3OD）

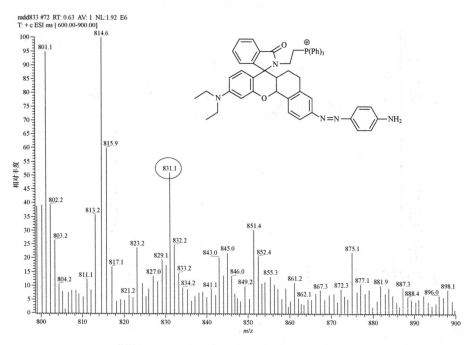

附图 22　第 4 章　化合物 MiAzoR3 的 MS-ESI 图

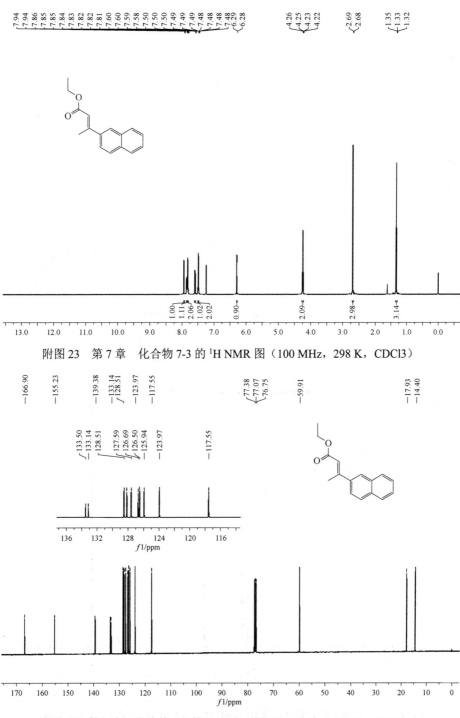

附图 23　第 7 章　化合物 7-3 的 ^{1}H NMR 图（100 MHz，298 K，CDCl3）

附图 24　第 7 章　化合物 7-3 的 ^{13}C NMR 图（100 MHz，298 K，CDCl3）

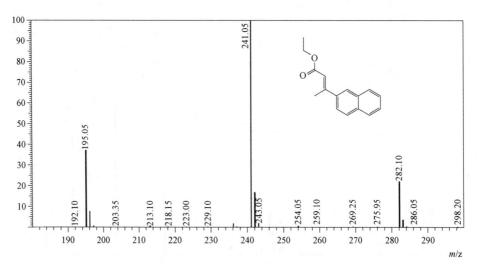

附图 25　第 7 章　化合物 7-3 的 HRMS 图

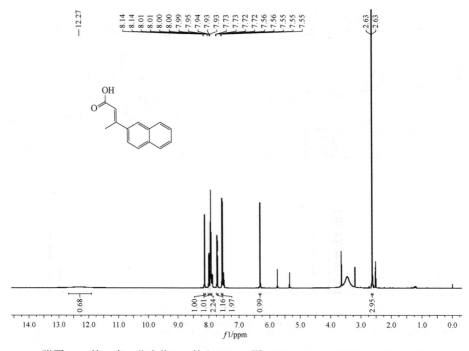

附图 26　第 7 章　化合物 7-4 的 ^{1}H NMR 图（100 MHz，298 K，DMSO-d6）

附录 化合物的 MS 和 NMR 谱图

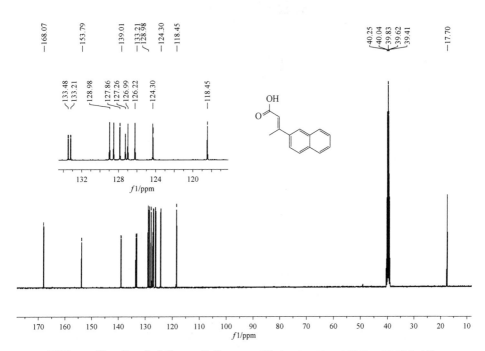

附图 27　第 7 章　化合物 7-4 的 ^{13}C NMR 图（100 MHz，298 K，DMSO-d6）

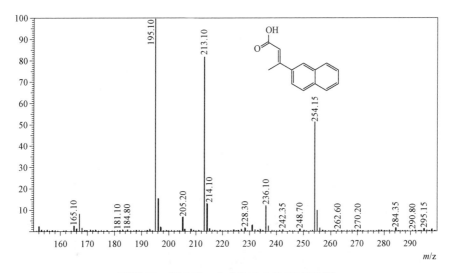

附图 28　第 7 章　化合物 7-4 的 HRMS 图

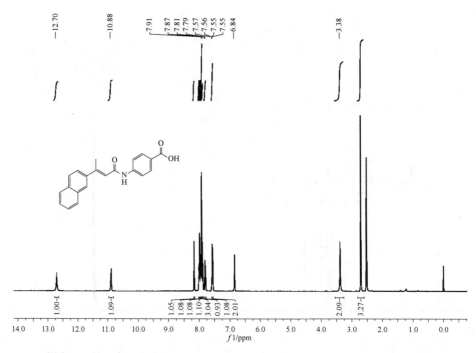

附图 29　第 7 章　化合物 7-6 的 ¹H NMR 图（100 MHz，298 K，DMSO-d6）

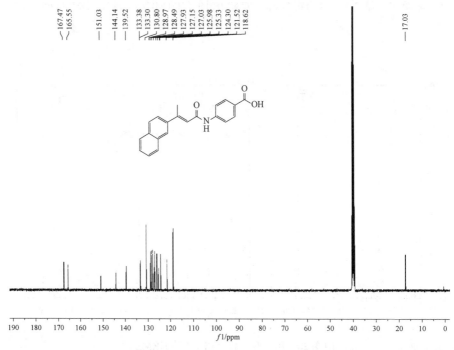

附图 30　第 7 章　化合物 7-6 的 13C NMR 图（100 MHz，298 K，DMSO-d6）

附录 化合物的 MS 和 NMR 谱图

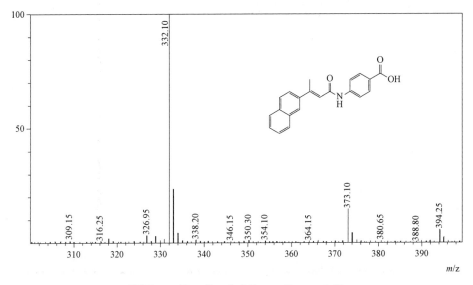

附图 31　第 7 章　化合物 7-6 的 HRMS 图

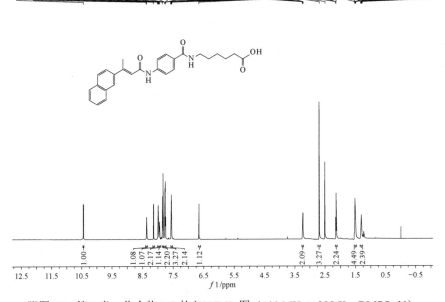

附图 32　第 7 章　化合物 7-8 的 ^{1}H NMR 图（100 MHz，298 K，DMSO-d6）

205

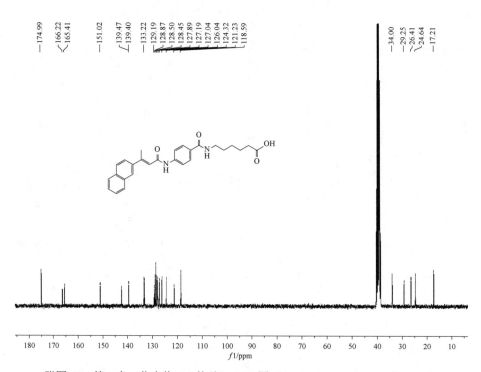

附图 33　第 7 章　化合物 7-8 的 ^{13}C NMR 图（100 MHz，298 K，DMSO-d6）

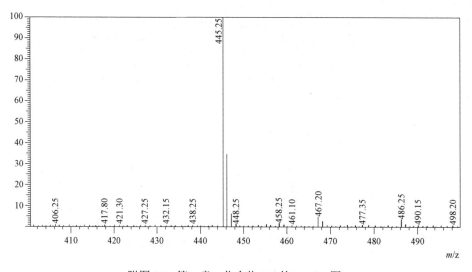

附图 34　第 7 章　化合物 7-8 的 HRMS 图

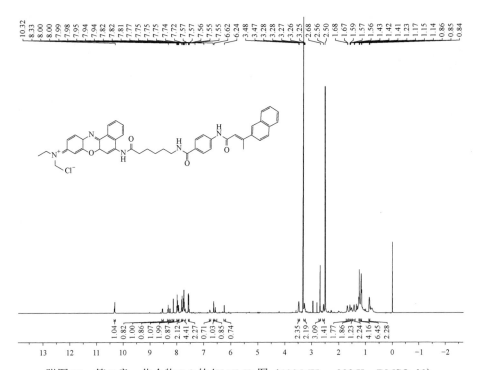

附图 35　第 7 章　化合物 7-8 的 ^{1}H NMR 图（100 MHz，298 K，DMSO-d6）

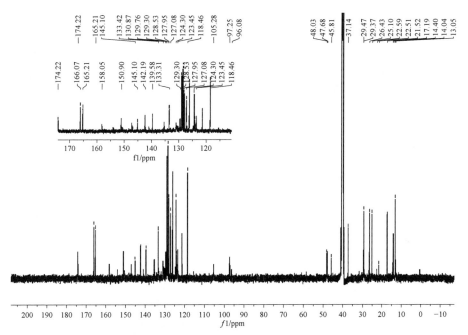

附图 36　第 7 章　化合物 7-8 的 ^{13}C NMR 图（100 MHz，298 K，DMSO-d6）

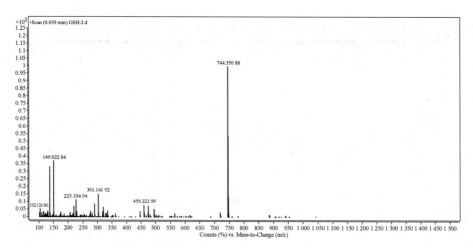

附图 37　第 7 章　化合物 NB-BIBRA 的 TOF MS 图

英文缩写词表

缩略词	名称	缩略词	名称
MRI	（核）磁共振成像	QDs	量子点
PET	正电子断层扫描	NPs	纳米颗粒
RT	放疗	UCNPs	上转换纳米颗粒
CD44	分化抗原群44	ROS	活性氧
CT	计算机断层扫描	PAI	光声成像
PBS	磷酸盐缓冲溶液	FDG	脱氧葡萄糖
FRET	荧光共振能量转移	Cy7	三羰花菁染料
HIF-1α	缺氧诱导因子-1α	AA	抗坏血酸
AuNRs	金纳米棒颗粒	DHA	脱氧抗坏血酸
AuNPs	金纳米颗粒	MOFs	有机金属框架
PDT	光动力治疗	4-NTP	对硝基苯硫酚
SERS	表面增强拉曼散射	4-ATP	对氨基苯硫酚
MOP	金属有机颗粒	TEM	透射电子显微镜
PDT	光动力学治疗	AFM	原子力显微镜
NTR	硝基还原酶	DLS	动态光散射
DSN	双链特异性核酸酶	SPECT	单电子发射扫描
PAGE	聚丙烯凝胶电泳	GSH	谷胱甘肽
SPR	等离子共振	CP	捕获探针
A549	非小型肺癌细胞	R6G	罗丹明6G
HepG2	肝癌细胞	EF	增强因子
HeLa	人类宫颈癌细胞	CPPs	细胞渗透肽
293 cells	人类肾小管上皮正常细胞	MTG	线粒体绿色追踪剂
CMC	临界胶束浓度	NR	尼罗红
LTG	溶酶体绿色追踪剂	NADH	烟酰胺腺嘌呤二核苷酸二钠盐